①

第一章

个人经历、反思

旅行梦的破灭

在我还很小的时候，有次我和我的狗爬到村子对面的山顶上，看到了远方在阳光下发亮的另一个小镇。

现在的我当然知道那小镇很小，小到还没有我的小镇大，但那时的我并不知道。那时的我站在山顶，看着山脚下属于我的宁静的村庄，又看了看远方正轻轻发光的不知道属于谁的小镇，突然像被什么东西吸引了似的，迫切地想去小镇里面看看。

有那么一瞬间，我甚至觉得，隔壁班那个漂亮女孩的家乡，一定是在那里。

回家后，我问妈妈，顺着我们去市里的那条路一直走，尽头的那个城镇叫什么。妈妈告诉了我。我又问，可不可以坐车去那里。妈妈说，可以。

我开始存钱。

那时我每天的零花钱并不固定，有时有一块钱，有时没有。我估算了一下，要去那个小镇，来回车费至少十块钱，假如中途要吃点零食喝点水，那可能就得十五块钱。

对于现在的我而言，五块钱车费能抵达的地方，走路都能到。但对于那时小小的我而言，这世界很大，这世界中的每一条路都很长。

我忍了将近一个月没吃零食、没买弹珠，终于在一个黄昏存够了十五块钱。当我从墙壁缝里把皱巴巴的十五块钱掏出来时，我觉得自己简直是个天才，小小年纪就身怀"巨款"，并且还有一个想要抵达的远方。

第二天清晨，我把叠得整整齐齐的钱装进口袋，跑到马路边站得笔直，激动地眺望车子即将开来的那个转角。

那是一种真正的激动，仿佛在那个清晨，全世界唯一的大事就是我要去旅行了，而那辆每天开来开去的白色客车，在那个清晨也仿佛是专为载我离去而来。

由于太过激动，以至于我每见到一个路过的人都想告诉他：我要去旅行了，你要不要一起去？

我等了很久，直到头发被弥漫着的雾气打湿，客车才响着喇叭从转角处冲了出来。

我上了车，很快又被司机轰了下来。他问清我的目的地，又确定我没有家人陪伴后，大声说，你一个小屁孩瞎跑什么，不怕被人卖了啊？快点下去！

也不知是被那声小屁孩气的，还是因不能抵达远方而心酸，下车后，我看着在浓郁的雾气中渐渐远去的客车屁股，用力地咬住了自己的嘴唇。

那天晚上，我拿着手电筒缩进被子里，把十五块钱数了一遍又一遍，我不知道该如何处置这笔"巨款"，我想到学校去请那个漂亮的女孩吃糖，可是那女孩并不认识我；我想把它存起来，等自己十八岁的时候再出发，可当时，十八岁离我太远了。

还没想清楚到底该怎么办，我就睡了过去。然后，几乎是一夜间，我认识了很多姑娘，也抵达了十八岁。

十八岁那年，我已经打了三年工，存了一点钱。那时我已认定自己读不了万卷书，只能想着去行万里路，见见所谓的世面。我听闻凤凰很美，重建后的汶川也值得去看看，更巧的是，那年夏天我喜欢上的姑娘，暑假后去了重庆的一所大学读书。

我买来一张地图，挂在床头，把要去的地方和路线一一标记，想着从老家出发，一路向北，走到湖南的额头再往左拐进入重庆，再从重庆进入四川，如果到了四川我还有钱，那就一路向西，去看看巨大的山脉。

那时我一切都准备好了，甚至辞职前还在空间里发了张路线图，配了句"出发"。

有朋友留言问我，你要去旅游？

我特矫情地说，不是，我是去旅行。

然而，就在辞工书批下来的当天，我准备买背包装行李时，家里出了点变故，我把所有的钱都掏了出来，打给了爸妈。

那天寄完钱回到家，我站在房间里，看着那张巨大的地图，突然觉得浑身无力。

我太想出去走走了，虽然那些年我经历了一些事，也收获了一些可以讲的故事，甚至走过了大大小小三四座陌生的城市，但我还是想出去看看别人的生活，听一听别人的故事，在自己想停下的城市停下，而不是被生活摁在一座城市里，不能动弹。

我打电话给主管，说我不辞了，想回来继续做。

主管沉默了一会儿，说，这个……公司有规定的，我帮你问问看这种行为行不行，你等我消息。

挂掉电话后，我把地图从墙上扯下来，撕成碎片，又把碎片收起来，用打火机点燃，一张张在阳台上烧了很久。

烧地图时，我安慰自己，还年轻，总有机会的，二十五岁之前，最晚二十五岁，一定得出去看看，看了之后就回来，安安静静地生活，不再折腾。

后来时间向前的速度越发快了。

七年来我换了很多工作，也换了很多个梦想，出去看看这件事，在越来越清晰的生活的阻隔下，渐渐模糊起来。

今年我二十五岁，过去七年我因为生计走过了许多城市，偶尔看到一些漂亮的风景图片和不同的生活方式，也会想起那个小小的自己和十八岁的自己，但血毕竟是凉了下来。虽从未饮冰，但血终归是凉了下来。

这七年里，我具体经历的一切无法细数，但生活确实正一点一点地将我驯化，让我对安稳的渴望渐渐大于对出发的渴望。

几年前有句话很火，说，世界那么大，我想去看看。第一次看到这句话时，我心里震动了一下。但后来，不管看到什么关于旅行的故事，我再不会想"我也要去"，而只是想，希望各位，一路顺风。

我确实开始了安静的生活，不吵不闹，不叫不跳，每天把日子过得像坐月子。有时我也会想，是不是自己老了，已经没有太多的心思去想所谓的人生大事之外的其他事情。

但后来我意识到，其实根本不是所谓的老不老，就只是因为我已经过了需要靠旅行充实自己的年纪，也再没有那样的勇气把收入全存下来，花在谁也看不见的路上，生活中有了太多更现实的东西需要钱。

确定自己的旅行梦破灭之前，许多次午夜梦回，我都想，要是十八岁那年，我成功出发了，那我会变成什么样？

也许本来就一身故事的自己又会拥有更多可以讲述的故事。

也许我会因此爱上旅行，从此一生都在路上。

也许那一次旅行，收获的只有一身疲惫，回来时唯一的感想，就是一句我操。

但不管怎样，我知道那时的我不会后悔，因为那时的我，毕竟不像现在的我这样胆怯，更不像现在的我这样，被无法逃过的一切紧紧束缚在原地。

我知道怀念过去是一件很矫情的事，但我确实羡慕那时的自己，羡慕那个身怀"巨款"，心里有一个远方的少年。

有句话说，每个孩子第一次走路，都不是因为父母的逼迫和教育，而是因为他第一次有了一个特别想去的地方或特别想拿到的东西。

但遗憾的是，在学会走路后，在拥有了年少时憧憬的自由后，人就会渐渐丧失寻找自己想去的远方的动力。

那些曾在阳光下闪闪发亮的城镇，那些曾在黑夜中关于梦想即将实现的激动，都像多年前，我站在晨雾中目送的那辆客车一样，晃晃悠悠，时明时灭，最后拐一个弯，彻底消失不见。

我委屈地咬紧了嘴唇，但还是不敢再等下一辆，只能转身，无奈地被时间带入无味却安稳的生活里，像每次梦想破灭时一样。

久宅成病

有段时间我失去了工作，又恰逢失恋，于是想，反正一切都搞砸了，干脆把自己也搞砸算了。

我不再想出去找工作，也不再想出去认识新的姑娘，每天紧闭门和窗，让自己像一枚石子一样投入浩瀚如烟的网络，不停地玩游戏，游戏玩累了就到论坛和贴吧里写一些乱七八糟的文字，宅得如同家具。

那段时间我吃饭全靠外卖，全天站立的时间不超过一小时，脖子酸了就揉一揉，眼睛胀了就滴些眼药水。每天衣衫不整，连胡子都懒得刮，偶尔开门看见刺眼的阳光，慌得直抬手遮。

皮肤是白了，但毫无血色。双眼始终浮肿，如同彻夜痛哭过。排泄也成了问题，从不准时。任何邀约，无论是饭局、牌局还是打篮球，我全无兴趣，有时烦了，还会愤而关机。

二十天后的一个清晨，由于前天晚上吃多了高盐零食，凌晨五点我口干舌燥地醒来，找遍家里的杯子和水瓶也没看见一滴水，于是匆忙穿上衣服外出寻找便利店。

那时已入深秋，但我并不知情，只穿一件短袖衬衫的我走上街头，立刻被寒风吹得鸡皮疙瘩爬满全身。

我缩着头沿着被路灯照亮的街道往城市的更深处走，终于找到一家还在营业的便利店。刚走进去，便利店门口的自动感应器突兀地说了声"欢迎光临"。

这把我吓了一跳，也把正趴在收银台上睡觉的服务员吓了一跳。

服务员醒来，揉着眼睛看着我。我看着他，然后转身走向后面的冰柜，从里面拿了两瓶水，一瓶放在收银台上，一瓶打开就喝。

服务员找好零后笑着说："还没睡啊？"

我点点头，抱着两瓶水逃了出来。

真的是逃出来的，因为也不知是被那声"欢迎光临"吓的还是我仍未太清醒，当我走进便利店看着服务员，准备说我要买两瓶水时，我惊恐地发现，自己不会说话了。

我知道自己要表达什么，但话到嘴边，却不知道怎么控制舌头和嘴唇了。那句话就在喉咙那里，但我不知道怎么才能把它说出来，丢进空气里。

我以为喝两口水能缓过来，但喝了水之后，当服务员问我还没睡的时候，我那句"是啊"依然说不出来。

我跑到便利店外面，把一瓶水咕咚咕咚喝完，然后才意识到，自己确实在家宅得太久了，不仅忘了当下的季节，甚至还突然忘了怎么说话。

回来的路上我用了很大的力气张了张自己的嘴，又像个白痴似的把舌头伸出来扭了扭，然后开始自言自语。

我一会儿轻声说"你好"，一会儿轻声说"晚安"，一会儿想打个电话跟人聊聊，胡乱说一些话，一会儿又想，还是等天亮吧，等天彻底亮了我一定得找个人坐下来天南地北地聊一聊，如果对方不介意，那就聊一天。

回到家，一打开门我就闻到房间里有一股怪味，那种烟和汗水混合的味道之前天天坐在屋里时察觉不到，但出来透了气，再一进去，我就觉得自己要窒息了。

我把窗户全部打开，又清理了烟灰缸，扫了地，拖了地，做完这些，我突然又渴了起来，于是把剩下的那瓶水也咕咚咕咚喝完了。

也许是喝得太猛了，这瓶水一灌完，我的眼前就一阵发黑，我一边揉眼睛一边在床边坐下，觉得坐着不舒服我又站了起来。但不论是站还是坐，只要一动，胃里满当当的水就晃来晃去的，晃得我直恶心。

我赶紧爬到床上，侧着躺了一会儿。

我想了很多事，天上地下，过去未来，想来想去，因为失恋和失业导致的负面情绪一瞬间全涌到了胸口，堵得我一个劲地想叹气。

我躺在床上，真切地意识到自己的生活和身体已经全乱了套。我觉得自己因为要表达对生活的反抗而在家里宅得太久了，虽然仅仅是二十天，但这二十天已足以摧毁我过去二十年辛苦建立的一切，包括生活习惯，包括一个不算好但还算将就的身体。

我一觉睡到天黑，醒来时像被金刚狼摁着揍了整整十二个小时，浑身上下，除了两腿中间，无处不痛。

起床后我洗了个澡，在一个饭店吃了饭，然后戴上耳机开始在城市里散步。过去，我是个很喜欢散步的人，每当心情好或不好时，我都会想着在傍晚时分到城市里走一走，看看拥堵的马路和马路两边四季常青的大树，那会让我觉得平静，甚至感到自由。

那天没走多久，我就开始冒汗，很久没出汗的毛孔突然像被很细小的针扎一样，刺痒起来。那种感觉很难受，我知道是哪里在痒，但当我把手伸过去时，那份痒又跳到了其他地方。

我越走越快，大概八千步后，我实在走不动了，就在一个公交站台坐了下来。这时身上的汗出通透了，原本浮肿的身体顿时一阵轻松。

回来的路上我告诫自己，再也不能在屋里宅成家具了，并为自己制订了一个跑步计划。

第二天一大早，我出去买菜回来做了饭，又剪了已经长得像艺术家的头发，还买了双跑鞋。

当时我以为只需两三天，将作息调整过来，再跑跑步，我的身体和生活就能回到正轨，但实际上，我用了整整半年，才终于缓解了颈椎的不适和眼睛的干涩，以及怪异的体态。

后来我就再也不在电脑前持续坐好几个小时了，就算再无聊、再无助，也会想方设法出去走走，或者自己在家做做俯卧撑和仰卧起坐之类的运动。甚至那之后我写下的大多数文字，都是把电脑放在高处，或者拿着手机，站着写的。

我知道现在还有好多人把宅误以为时尚，甚至误以为是对孤独的沉浸，但相信我，当你宅在家里，不管你做什么，做到最后，你一定会坐下来，而一旦坐下来，你就再也不会想站起来，除非你开始意识到，自己从内而外，都发生了改变。

我曾说有人看世界是靠推门出去，有人看世界是把自己当成一扇窗户。但现在我又觉得，最好的看世界的方法，其实是推开门，走出去，看看外面那一扇又一扇的窗户。

走出去，可以不必去进行虚伪的社交，参与散场后必然会失落的狂欢，但出去走走，看看外面的窗户和树，总是没错的。

毕竟，一个年轻人，把自己关在家里，不管是看书还是玩游戏，其本质，都是拒绝真实的阳光和空气，主动把自己放在了阴影里。

虽说人不是鸟，不一定要飞，但再怎么着，也不能自己寻找笼子往里钻吧。

一棵树的善良

高中第一年第一学期开学半个月后，班上来了一个瘦瘦小小、腿脚不便的男生。

他第一次走进教室时，他的父亲抱着他的书站在他身后，他扶着门喊了一声报告。正在上课的英语老师看到他，先是带头鼓掌欢迎，然后让他做自我介绍。

我们鼓掌时他就脸红了，听到要做自我介绍，他愣了一下，然后表情无奈，双手扶着墙艰难地挪动两条腿朝讲台走。英语老师和坐在门口的两个女同学见状要去扶，他摆手拒绝了。

老师把他的座位安排在我身后，但从来到走，他跟任何一个同学都没有太多交流。我们不知道他的腿出了什么问题，只知道他是一个非常倔强、非常敏感、神经质般在意尊严的男生。

　　有次他摔倒在男厕所门口，当时我和几个同学正在阳台上晒太阳，见他摔倒连忙围上去扶。谁知他见到我们伸过去的手就像见到了刀子一样，满脸惊恐，在地上滚了几滚，身体贴到了墙角。

　　我们不明所以又围上去，他用手撑起上半身，愤怒地看着我们，胡乱地挥手。有个哥们儿看他正坐在一摊积水里，说了句"我们不扶你，就帮你挪挪地儿"便直接弯腰抓他的手臂。

　　手臂被抓的瞬间，他疯了似的张嘴朝那哥们儿的手咬了过去。

　　我们吓坏了，连忙退了一步。差点被咬的那哥们儿平常就是个二愣子，见自己的爱心换来这样一个结果，抽回手便朝他大吼："你这人有病啊？"

　　他没理会这哥们儿，一扭腰面对着墙，把沾了水的手在裤子上擦了擦，然后举起双手手掌贴在贴了瓷砖的墙上，靠摩擦力将自己的身体一点点提上去。提升了半米后，他缩拢两条腿，再一撅屁股，两腿用力抻直，手掌往上猛地一拍，全身微微颤抖着站直了。

　　站直后他也不走，回转身体，后背贴着墙警惕地看着我们。

　　我看到他的样子，忍不住说："喂，我们就是想扶一下你，没这必要吧？"

　　他看着我，昂起头说："你走……你们走，我不需要。"

　　那次之后，我们再也不敢靠近他。

　　他家在离学校不远的一个村子里，每天早上他父亲骑摩托车将他送到学校后门门口，傍晚又在后门那里接他。全校唯一一个不用上晚自习的学生就是他。

他每天清晨被父亲扶下摩托车之后，不要人扶也不愿意用拐杖，自己从后门走到教学楼靠的是种在过道边上的一排小树。

他扶小树走路时有点像跑步运动员冲线前的样子，双手扶住一棵，然后身体前倾，晃晃悠悠的双腿迅速迈几步，即将摔倒之前，双手又紧紧抓住另一棵。

每次看到他这样走路，尽管知道不对，但我们总会不由自主放慢脚步围观。有次校长碰巧看到，站在那里叉腰冲我们大喊："你们这帮人看什么看？都不用上课是吧？"

他来学校一个月后的某个下午，我和几个死党正从教学楼出来，见他刚扶过两棵树，朝学校的后门走。

他放开第三棵树朝第四棵树冲去时，由于两棵树之间的间隔有点远，他冲到一半，突然右脚一崴，双手徒劳地挥舞了两下，整个人像根木头似的直愣愣地扑倒在地上，脑袋磕在水泥地上发出一声让人肝颤的巨响。

我们迅速冲到他身边，手忙脚乱地将他扶起来。看到他沾了灰的额头有点破皮，我们不由分说抬起他就往医务室冲。

一开始他拼命挣扎，但我们没理他，抓腿的抓腿，抓手的抓手，看到他额头开始渗血，我们加速跑了起来。

跑到一半时围观的人越来越多，我们吼退人群后发现他安静了下来。我低头一看，他正直直地望着天空，空洞的眼睛里有泪水不停地滚出来。

我们不知道该说什么，只有当初差点被他咬的哥们儿看他越哭越伤心，低声说了句："我们知道你不用扶，但你这不是摔伤了吗？"

他进医务室后我们跑到学校后门把正等着他放学的父亲叫了进来。他父亲听到他受伤，不知道是因为已经习惯了还是厌倦了，并没有特别焦急，反而脸有些黑沉。

在医务室处理好伤口后，他跟老师请了几天假，然后被他父亲背着走出了学校。那一路，他始终把刚擦了药水的额头抵在他父亲的后脑勺上，埋着脸。

晚上下了晚自习，我们几个人走到他摔倒的地方，不约而同跑到那两棵间隔有点远的树之间看了看，骂了几句种树的人不走心后，一哥们儿突然提议说可以把树挖出来挪一点，这样他再扶就方便点。我们想了想，觉得这事靠谱，纷纷点头。

第二天，住在学校附近的一哥们儿搞来一把锄头。晚上下晚自习后，我们几个人在操场上生生挨到教学楼里的人走得差不多了才跑到那棵树边，七手八脚刨了起来。

当时有五个人。一哥们儿月考九门课总分才一百五十分，一哥们儿女朋友已经换了三个，一哥们儿天天晚上通宵上网白天睡觉，一哥们儿已经写了两份保证书，还有我这个五"毒"俱全的"学霸"。

我们在十分钟内把树刨了出来，又在一个合适的位置上挖了个坑，将树埋了进去。埋好后正准备走，写过两份保证书的哥们儿说："这好像不太稳，得试试。"说完他就整个人扑倒在树上，几乎是瞬间，刚埋下去的树连根翘了出来。

哥们儿握着树说："还说做好事，这是挖陷阱吧……"

于是我们又手忙脚乱地把土刨出来，将坑挖深了一倍。树埋好后我们又用锄头将土夯实。这次做测试的还是那哥们儿。他身体前倾，双手抓住树的中部，缓缓压了一下，树弯了下去，土没动。正当我们松了一口气时，他又加了点力，刚夯实的土瞬间裂开。他再推一下，树就歪了下去，没有自动复原。

我们一时有些丧气，拖着锄头躲到角落里一个人点了根烟，一边抽烟一边想办法。

最后想到的办法是把学校的一条水沟边上的红砖拆几块下来，敲进树的四周，将它挤紧。最终通过了测试的树由于埋得深，比原来矮了有十多厘米，但由于有砖头助力，承担一个人的体重完全没问题。

到了他该来学校的那天，一大早，我们几个人就买了早餐蹲在路边，希望看到他发现树移位后的表情。

遗憾的是，他没来。

第二天，他依然没来。

第三天，他依然没来。

一个礼拜后，他的父亲走进教室，一言不发地收拾他的课本。他的父亲提着袋子要走时，一哥们儿问："他不读了？"

他父亲抬头笑了笑说："嗯，他自己说腿不方便，不读了。"

那天之后，我们再也没有听到过他的消息。学校流传过他腿脚不便的原因，也流传过他退学的原因。但我们几个人并不关心那些流言，该在学校里耀武扬威继续耀武扬威，该写保证书继续写，该换女朋友继续换，该九门课考一百五十分继续考一百五十分，该通宵继续通宵。只是每次走过那棵树时，我们总会不由自主地看它一眼。

我不知道其他几个哥们儿看的时候是什么心情，但我总觉得，至少那棵树证明了我们并没有老师口中说的那么不堪，我们的脑袋也并不是只有在干坏事时才会运转，更重要的是，那棵树证明了在那样一个年纪，我们似乎天然就知道，同情和尊重的界限在哪里，围观和伸手的区别是什么。

遗憾的是，后来，那棵树，死了。

校园暴力中的三个少年

情窦初开时，我成了一个不良少年。

如今回想，我依然想不通自己为什么会在上初中后突然变了个人，对学习毫无兴趣，开始顶撞老师，恃强凌弱，仗着自己认识几个在校外游走的社会青年，在学校里张扬横行，一副天不怕地不怕的样子。

之前被人欺负时，家人们说："为什么别人就欺负你呢？"

当时我还仔细思考了这句话中的道理，但后来，当我变成那个欺负人的人时，我才知道，一个人被人欺负，大多与他自己无关，只与有没有人想欺负他有关。

我在初中耀武扬威渐渐得到一定的"恶名"时，有一天，宿舍里那个长得瘦瘦小小经常被人欺负的男孩找到我，说要请我帮他个忙。

我问他是什么事。

他递了一包烟给我，怯怯地说："前天晚上我在隔壁班的宿舍玩，昨天他们找到我，说那天晚上他们丢了十块钱，怀疑是我偷的，还说如果我今天不给钱，他们就要打我。"

我当时一听就炸了，想，这学校怎么还有比我流氓的人，于是接过烟说："放学后你带我去隔壁班认人，我替你教训他们。"

那天放学后，我带着他和班上的一群人，提着凳子冲到隔壁班，进去就喊："谁说要打架的？给我站出来！"

教室里安静了几秒，隔壁班那个在学校里恶名与我平齐的哥们儿走过来，笑着拍拍我的肩说："要不这事就算了？"

我扭头问正在旁边紧张地捏着衣角的室友："这事算了？"

他轻轻点了点头。

本来我以为这事就算过去了，谁料当天晚上，室友又满脸泪痕地找到我说："他们刚把我拖到厕所打了一顿，还用拖鞋抽我的脸。"

他话没说完我就带着几个人冲到了隔壁班的宿舍，见人就打。出乎我意料的是，见对面不敢还手，平常连说话声音都不敢太大的室友拿起一旁的扫把就开始死命揍那个拿拖鞋抽他脸的人，当时他眼睛里流露出来的杀意把我都吓住了。

见他已经把人打倒在地，我赶紧拉住他，叫他别打了。谁知他甩开我的手，冲到门后找了块顶门的砖头，一个箭步扑到已经倒在地上的那哥们儿身上，挥手就砸。

血立刻流了出来。

事后，我侥幸逃脱了学校的惩罚，而他则赔了钱，还差点被学校开除。

但这事并没有结束，被砸开头的那哥们儿养好伤回到学校，立刻就找了几个校外的混混儿，把室友从学校带了出去。当天晚上发生了什么我不知道，反正第二天他再回到学校时，脸肿如猪头。

我问他怎么了。

他面无表情地说："五十个耳光，他们打了我五十个耳光。"

我问他："那你打算怎么办？告诉老师还是告诉家长？"

他说："这年头儿，谁还告诉老师啊？我要自己解决。"

我问："怎么解决？"

他没有回答我，只是问："你认不认识校外的 X 哥？"

我点头。

他认识 X 哥后，做的第一件事就是带着一把水果刀冲进隔壁班，对着那个打了他五十个耳光的哥们儿捅了十多刀。

那天他从袖子里把刀拿出来冲出教室时，我就知道要出大事，我想追上去把他拦下来，但他回头瞪了我一眼，我就赶紧扭头冲进了校长办公室。

他挥刀时，全校都慌了，在场的老师拿着凳子和拖把要拦住他，但他如同失去理智一样，见人就捅，最终一路跌跌撞撞下了楼，钻进学校的后山里。

幸好，被捅的哥们儿那天穿的衣服厚，身上并没有受太重的伤，不幸的是，由于脸上被划了两道很深的口子，他毁容了。

那天目击全过程的我小腿抖了一天。派出所在学校调查时，我被带到校长办公室，把所有知道的情况都如实奉告，唯独隐瞒了我介绍他认识 X 哥的事。

室友消失了一段时间，而那个被他伤至毁容的哥们儿，也再没来过学校。据传那哥们儿伤好后有了心理阴影，在另一个小镇的学校读书时精神总是恍恍惚惚的，晚上睡觉容易惊醒，经常对着镜子看自己脸上的疤。

虽然我有段时间没有再见过室友，但周围关于他的传言却从未断过。据传他逃出湖南后跟着别人去广东"提包"、抢劫、看场子，被抓过，也被砍过。

两年后，他再次回到镇上。

那天我看到他左手少了两根手指，就问他这怎么搞的。

他轻描淡写地说："偷东西被人抓住，用砖头砸的。"

他没有找工作，也不再回家，文了身，剪了个类似于刚出狱的人的板寸发型，成天在街上游荡。那时人们提起他，已经不叫他的名字了，而是叫 Y 哥。

后来他又新认了一个大哥，从镇上混进了市里，成天泡在 KTV 和酒吧里，没钱了就在市里的一些中学附近晃悠，对初、高中生进行敲诈勒索。有次他在市里的溜冰场砍人被抓了，坐牢出来，依然没有丝毫悔改的意思，甚至更过分，直接去贩毒了。

他渐渐在市里混出了"名声"，据传他十八岁生日那天，为他庆祝生日的超过了两百人。

再与他见面是五年前，那天我在市里逛街，他开着一辆无牌车停在路边等人。当时我没看到他，但他看到了我，叫了一声。

我走过去，他递了根烟给我，扭头让坐在车里的他的几个小弟叫人。

我连连摆手，表示不用，又笑着问他："这车哪儿来的？"

他说："场子里别人输的。"

我哦了一声，试探性地问他："还打算混呢？"

他笑着说："不混还能干吗？"

那次见面后，再听到他的消息是前年。

镇上的国道出了一场车祸，三死两伤，开车的是他，后面坐着他的两个朋友。当时三个人都吸了毒，一边在国道上狂飙一边把车载音响的音量开到最大在"嗨"。

在一个路口，他撞倒一辆摩托车后，冲出国道，直接飞进一个落差二十米的山坳里。他当场死亡，摩托车上的两个人被送到医院后抢救了几天，最后不幸去世。车上另外两个人没死，但在医院住了半年。

那天知道这个消息时，我瞬间手脚冰凉，连抽了好几根烟。

当初他持刀砍人时，我还不觉得有多么自责，因为他当时完全处于被人欺负的处境中。但听到这个消息后，尤其想到摩托车上那两个无辜的人，我第一反应就是想抽自己两耳光。

我想起了很多年前自己第一次带他去见 X 哥的场景。

那时我觉得自己是讲义气，是打抱不平，却没想到，所有的一切，从那天开始，就走上了一条完全失控的路，最后害死了他，还生生害死了两个完全无辜的人。

　　我总是想，当初他找我时，我要是直接不管，他或许依然会被欺负，但至少不会因为有了某种虚妄的底气而去砍人、辍学，更不至于落得一个如此悲惨的下场，还连累了两个完全无辜的生命。

　　作为一个不良少年，我侥幸从泥潭里将自己拔了出来，但回头细想，那些因为被我怂恿、被我伤害而走进泥潭至今未能自拔的人，从某种意义上讲，都是我欠下的债。

　　说起来像句废话，但发生在他身上的事，确确实实让我第一次感觉到，一个人，一路走来，不管你是好是坏，你总会在不经意间改变他人的命运。我觉得我如今是善良的，但过去我造就的恶并没有消失，而是被那些因受我影响而踏进泥潭里无法自拔的人以某种形式继续传递着。

　　我知道造就这一切的除了我和他以及那个被他砍至毁容的哥们儿外，还有许许多多的外界因素，但我总是想，为什么当初那个因一时冲动而走向疯狂边缘的自己，从未停下来想一想，用给人制造恐慌来获得快感的方式，真能抵消日后深切的自责吗？自己真能承受那种因一朝不慎而毁掉自己一生的恶果吗？

　　而我更想问的是，到底是什么，使得那些被暴力和仇恨裹挟的少年，不寻求老师的帮助，也不寻求家长的帮助，一心只想自己解决。

　　不久前，我在街上遇到当初被砍至毁容的哥们儿。他已成家，脸上的疤若不细看，几乎看不太出来。

　　那天他看到我，微微笑了笑。

　　我走过去，递了根烟给他，假装不经意地说："那谁好像出车祸死了。"

他把烟点燃，闻言脸上的微笑瞬间消失，冷笑着说："呵，他早该死了。"

我还想说什么，他弯腰抱起正拉着他的裤腿要去看鱼的女儿，冲我笑了笑，转身走了。

那天我看着他的背影，莫名心生悲凉。

那场事件中的三个少年，一个已经死了，一个正在自责，而还有一个，依然满腔愤怒，仿佛，他是无辜的。

宠物屠夫回忆录

昨天在街上被一个提着三条小狗的姑娘拦下——每次出去总会被人拦下，不是被要饭的拦下，就是被发广告传单的拦下，这让我百思不得其解，不知自己到底是看起来很有钱还是看起来很傻、很好骗。

姑娘拦下我后问我要不要养狗。

我看了看她，又看了看狗，正琢磨到底是人可爱还是狗可爱，姑娘从笼子里抱出一条狗塞到我怀里，说："这是我自己生的，送一只给你。"

我把狗抱在怀里揉了揉，想了想，递回去，说："就算是你生的……我也不养。"

姑娘红着脸一边笑一边说："那不好意思，打扰了。"

其实把狗抱在怀里时我很想对姑娘说声谢谢，然后把狗带回家好生养着。以我目前的时间安排和收入，养好一条狗不成问题。可有些事不是你能做到你就会去做。

之所以拒绝姑娘的好意是因为我从小到大真的养什么死什么，这也是我妈老不放心让我自己照顾自己的原因。

我在很小的时候养鸟，有一只养到快要学飞的时候被我爸不慎踩了一脚，在巨大的压力下，鸟的肠子从嘴里和肛门里被挤了出来。那时鸟还没死，在地上直抽抽，我见状一边哭一边手忙脚乱地把肠子往鸟肚子里塞，刚全部塞进去，鸟的眼睛和爪子就直了。

还有一只鸟，我把它养到刚会飞，结果被一个嫉妒我有鸟的小伙伴用弹弓从我家门口的树上打了下来。那哥们儿以前连一米开外的灯泡都打不准，不知为何那天突然神准，一粒石子就打中了我的鸟。

当时我就在门口，眼睁睁看着我的鸟在树上晃了晃，然后一头栽倒下来。我尖叫着冲上去给了那哥们儿一拳，又在他脸上踹了几脚，然后双手捂着我的鸟往屋里冲。

鸟是腹部中弹，掉了几根毛，破了点皮。当时它的翅膀还会扑腾，我就没放在心上，过了一会儿它就不行了，脑袋耷拉了下去，我掰开它的嘴喂了点感冒药和水，依然没能救活它，显然那粒石子让它受了极大的内伤。

它死后，我哭了一会儿，到屋后挖坑准备把它埋了，但坑挖好后，我抚摸着它仍温热的尸体，又看了看坑，起身从屋里拿来打火机和柴以及一点点辣椒和盐，一边悲痛欲绝一边把它烤着吃了。

吃完了肉，我把剩下的骨头和羽毛以及它的脑袋埋到了土里。

后来我就没养鸟，改养狗。

我的第一只狗是母的。它全身灰毛，怎么吃都不胖，从来不看家，专门抓耗子，不吃家里的饭和骨头，偏偏喜欢在村里的厕所里寻找它眼里珍贵的食材。

自从有一次小灰发挥天性被我爸看见后，我爸就觉得它脏，想将它送人。我觉得不舍，就百般维护，不让它挨打，也不让它挨饿。由于怕它去厕所吃屎，我每天还时不时将附近厕所的门都检查一遍，看见没关的就关上。

但我仍没能把它养大。

一个寻常的午后，我放学回来，它失踪了。我找遍了附近的山和田野，把嗓子都喊哑了，依然没能找到它。

一直到天黑后，我跟爸爸才在一个厕所里找到它。从当时厕所天花板上都溅上了屎的情景来看，小灰在掉进粪坑后显然激烈挣扎了很久，最后力竭才放弃了抵抗。

那天爸爸站在厕所门口，用像棍子似的电筒光照了照小灰的尸体说，死了，走吧。

我说，我得把它弄上来。

爸爸说，那你弄吧，但等下你敢不洗澡就上床睡觉试试。

我用了一个小时才用一把锄头和一根棍子把小灰的尸体从粪坑里勾上来，然后在那只鸟的坟边刨了个坑把它埋了。埋的时候由于实在太臭，我虽心痛，但也哭不出来。

现在回头想，一条改不了天性的狗死在粪坑里，应该就跟电影《让子弹飞》里死在银子堆里的师爷一样，虽轻如鸿毛，但也算是死得其所。

小灰死后不久，我心不死，又从一个老师家里抓了条黑色的小狗回来养。这条被我起名叫小黑的狗是我养宠物以来给我留下印象最深的一个，我格外爱它。

小黑身材微胖，很听话，一些简单的事情，只要教它两次，它就不会再犯。同时它也很机灵，大狗咬不到它，小狗打不赢它，小狗的主人撵不上它。

更令我感动的是，它对我极忠诚，早上我上学时它送我出门，到我快要放学的时候它就蹲在村口等着，老远看见我就会大声地叫，把尾巴摇得噗噗直响。

我跟小伙伴打架时，它看到了就会撒开四朵梅花跑过来，龇牙咧嘴地在旁边狂吠，为我助威的同时也给我的敌人制造了些许心理压力。

有次我在跟人打架时发挥失常，被人追着打，小黑见状追上那哥们儿，跳起来就咬。由于是咬活动目标，小黑一下没咬准那哥们儿屁股上的肉，只咬穿了裤子。它的牙齿被裤子挂住了，一下没拔出来，然后就目瞪口呆地挂在裤子上被吓崩溃的哥们儿带着飞奔了将近一公里。

最后那哥们儿找到一棵树蹭了蹭才把它蹭下来。

除了跟小伙伴打架时它会帮我，有时我爸打我，它也会对我爸狂叫几声，哪怕挨了一脚也不跑，反而会过来拖正被罚跪的我走。

它最爱干的事是跟我上山打猎，在茂密的灌木丛里钻来钻去。不论是鸟还是兔子，只要是活物，它一看到非追到喘不上气来为止，由此染上了撵鸡的恶习，在村里挨了不少揍。

小黑死的时候快一岁了。它死得很快，比我过去所有的宠物都死得快，连挣扎都没挣扎，就被限载三十吨的货车驮着满满一车煤炭从身上碾了过去。那货车甚至颠都没颠一下，就将它碾成一张薄饼摊在了马路上。

那天我跟爸爸骑摩托车追上了那辆货车，但司机与爸爸认识，经常在爸爸的煤矿上拉煤。

我站在还沾有小黑的血的大轮胎边上，一边哭一边让司机赔我的狗。爸爸说算了。我不哭了，但还是让司机赔我的狗。爸爸又说算了。我坚持要让司机赔我的狗，爸爸就说我不懂事，踹了我一脚，我就哭着回家抱了个纸箱坐在马路上给小黑收尸。

小黑被碾得太碎了，我都分不太清哪里是哪里。捡小黑的时候，有一辆小车开过来，司机看到我在马路中央，一边摁喇叭一边把脑袋从窗户探出来喊："这狗都碎了，捡回去也吃不了了，还捡个屁啊……快点闪开，让我过去。"

我把小黑的脑袋捡到纸箱里，扭头冲司机吼："你有种就从我身上开过去啊。"

司机骂了一声就不说话了，把车子左挪一下右挪一下，发现实在过不去，就一直等到我把小黑收好才走。

由于要把纸箱埋下去，需要挖的坟要比过去大得多，但屋后就那么点空地，我就把那只鸟的坟和小灰的坟都扒了，将整块空地挖了个底朝天。

小灰的几根骨头还在，那只鸟就连渣都不见了。那是我第一次见识到什么叫尘归尘土归土。大坑挖好后，我把小灰的骨头也弄到纸箱里，跟小黑一起埋了下去。

埋下去后我觉得还差点什么，就琢磨着拿点纸钱和香去拜一拜，这下我爸不乐意了，黑着脸说："你爹又没死，你烧什么纸钱？"

我从兜里掏出一块钱说："那我向你买。"

我爸把钱拿回去，说："这钱也是我的。"

那天我坐在屋后烧自己的书时，又突然明白了什么叫老子的归老子，儿子的归儿子，更比同龄人提前近十年明白了什么叫人类的悲欢并不相通。

埋好小黑，屋后已经没有空地给我挖坟了，于是我决定不再养任何东西。但两三年后，由于各种机缘巧合，我又养了一只狗和一只猫。

它们的结果无一例外，都是离奇死亡。狗是被别人家的大狗咬死的，猫是吃了吃耗子药的耗子被毒死的。于是我又陷入了不断挖坟不断刨坟的循环中，屋后那片空地上的草甚至都没机会茂盛一次。

原以为那只猫是我的最后一只宠物，谁料离开家外出打工两年后，我在马路边捡到了一只小乌龟。

当时它在路上爬的时候我以为自己看花了眼，确定是只乌龟后，我把它捧在手里，看了看马路四周，既没有水沟也没有人，就把它带回了家。

我把它从杯子大小养到碗一样大小，让它在房间里到处爬。原以为以乌龟的生命力，再怎么着我也能给它养老送终，或者它寿命长，给我养老送终也行，结果它依然是半路夭折。

时至今日我都没搞清楚它的死因，好像突然间它就不愿意爬了，紧接着也不吃东西了，再然后壳就变得灰白。它一寸一寸地死掉，而我无能为力。记得在河边埋它时，我还万分忧郁地吟了句诗：古有黛玉葬花，今有不同葬王八。

吟了那句诗后，近七年来，我再没敢养任何东西，连花花草草都不敢养。

林夕有句词，说，害怕悲剧重演，我的命中命中，越美丽的东西我越不可碰。

虽然用这句话来解释我在生活中的种种拒绝显得有些矫情，但人活着，活到一定的年纪，与其说是理性取代了感性，不如说是总结的经验取代了瞬间的冲动。而所谓的成熟，就是看透了一件事的阶段性的结果后，于是在患得患失中失去了投入的激情，不愿再开始了。

昨天把狗抱在怀里的瞬间，我揉着它的头，有那么一瞬间觉得自己的生活有改变的必要，得在现在所在乎的东西里再加一样进来。但想想这水泥丛林，一旦失去连个掩埋的坑都刨不出，于是作罢。

我知道自己可以养一只小东西，还知道自己可以谈场恋爱，更知道在生活逐渐刺骨起来之前，一个人总得找个温暖之处停靠。但我毕竟是已经习惯了将自己当容器，所有的爱恨都不求释放，只求收藏。

更何况，就拥有这件事本身而言，一旦开始，无论是自己还是对方，总要失去些自由，最终人不像人，鸟不像鸟，狗不像狗，猫不像猫，王八不像王八。

屋后那块空地如今还在，去年妈妈想在那里种几棵南瓜，叫我去把土翻一下。那天我扛着锄头站在空地上，看着那里繁茂的植物，突然不知从哪里开始刨，才能不翻出一些过去的东西。

我知道它们都不在了，但我又知道它们还在，不仅还在，它们还以一种不可抗拒的姿态不断提醒着我：任何茁壮，无一不是以失去为滋养。

那些停电的夜晚

有天晚上我出去散步，到了河边发现四周前所未有地黑，河道两边原本到了六点半便准时点亮的路灯和护栏下的彩色灯管都没有亮起来。

初秋的夜，风很大，夜空里浮动着很多厚重的云，云与云互相撞击时，一道道月光趁乱从缝隙间透出来，又飞快消失。地面上唯一能看见的光，就是黑色河流上随风摇晃着的几艘渔船的灯。

后来我才知道，一辆拉着几箱鱼的小皮卡在对面的马路上撞到一根电线杆后冲进了河里。鱼活了，人死了。整个小镇，三分之二的面积停了电。

记忆中停电的夜晚有很多。第一次是我念初三的时候，那晚我生日，年轻的物理老师为了给即将参加中考的我加油打气，特意买了个很小的蛋糕提到宿舍。也不知他是不是故意刺激我，那个蛋糕价值三十五元，而我最近一次物理考试的分数就是三十五分。

物理老师走后，我把所有朋友叫到了宿舍。那时男女宿舍没有分开，只隔了一个楼层，叫完男生，我壮着胆子跑到楼上的女宿舍区叫了几个女孩下来。

在那个情窦初开、胡须刚冒的年纪，我什么都敢想，所以那晚我许了很多愿，直到蜡烛快燃进蛋糕里才作罢。刚拔掉蜡烛，准备切蛋糕，停电了。

黑暗降临的瞬间，除了宿管老头儿，宿舍里所有人都在欢呼。其实我们也不知道自己为什么要欢呼，也许仅仅是觉得，在度过了无数个雷同的夜晚后，事情终于有了点变化。

宿管老头儿听见欢呼声一下从屋里冲了出来，左手拿着光亮的手电，右手拿着一根棍子，在楼下大吼大叫。那天生日的我格外亢奋，趁着黑暗的掩护摸了几个瓶瓶罐罐往楼下扔，顺手还扔下去一个朋友的脸盆。

我一带头，各种不明飞行物便朝楼下飞了过去。有一哥们儿不知是不是脑子发热，拎起一床棉被也扔了下去，宿管老头儿躲都没躲开，刚好被整个罩住。这个滑稽的场面让楼上穿着睡衣的女孩们大声笑了起来，这使得一部分哥们儿闹得更起劲了，就差直接跳楼了……

半小时后，在宿管老头儿的控诉下，我和一帮闹得最凶的同学被带到了校长办公室。

一进办公室，校长就从柜子里找出一根蜡烛准备连夜"审讯"，但他翻箱倒柜也没找到打火机。我见状抱着助人为乐的想法，从口袋里掏出打火机递了过去。

蜡烛点燃后，校长面带微笑地问我："你有烟吗？"

我说："没有。"

校长说："要我搜？"

那天晚上校长训了两个小时话，一百一十分钟是在骂我。从办公室出来，我越想越气，到了宿舍门口，把心一横，以一种领导起义的气势说："今晚不回宿舍了，走！"

我们一行人先在学校附近的小公园里晃了一会儿，又晃到了镇上，镇上晃完后，我们又像一群孤魂野鬼似的晃到了国道上，后来越晃越冷，就回到了学校旁边的荒地上。

在荒地上，我每人发了根烟后说："要有火。"于是大家开始烧火。

火燃了起来，一帮人围火而坐吹牛皮，在荒郊野外讲鬼故事。也不知是谁开始讲关于姑娘的事，我立刻就看见大家的眼睛里冒出了绿光，在跃动的火光中亮得跟狼眼似的。

那晚他们讲了很多姑娘和很多或真或假的故事，我没说，因为我那点破事全校都知道。

那晚唯一的遗憾是我没能成功怂恿那些人跑到宿舍楼下向住在三楼的姑娘们表白。因为就在我打算怂恿时，起床尿尿的宿管老头儿看见了学校荒地里的火光，摁亮手电筒跑了过来，我们只能再次一哄而散，跑到镇上集合。

那一夜，我们在卖猪肉的棚子里睡到了天亮：像一头又一头待宰的猪一样，躺在满是刀痕的砧板上。

第二次是汶川地震后不久，我们市地震局不知从哪儿得到的消息，突然通过三大通信运营商发送地震预警。当时汶川地震的影响未散，地震预警一出，全市都疯了，所有人连夜抱着一些贵重物品跑到了空旷的地方。

我是被同学叫醒的。那时我刚从南方回来，混在学校里玩，当天我重感冒，一直在宿舍挺尸，一整天没吃一口饭。被同学叫醒时，学校灯火通明，乱作一团，我跟其他同学一样，收到消息便开始打电话。

我打电话给在广东的爸爸，说家里好像要地震了。爸爸一听很着急，说要赶回来。我说没事，震也是小震，而且我马上就去外面了。

爸爸说："那你别打电话了，快跑出去。"

挂掉电话时，同学们已经走得所剩无几。我也想走，但我带的行李箱实在太重，而且滑轮还碰巧被一个同学在慌乱中踩裂，当时发着高烧的我，根本没可能把它扛下四楼。

我正打算空手下楼，市电力局估计怕地震震断电线杆导致线路短路起火，突然就把电停了。本来眼前发黑的我这下彻底成了盲人，用手机照着也没用。

摸黑下楼时，也不知是哪个王八蛋慌乱中掉了块肥皂在楼梯上，我一脚踩了上去，整个人立刻开始往楼下滚。那真是天旋地转的十秒钟，以至于静止后我都不知道哪里是上哪里是下。更神奇的是，我的一只拖鞋居然跑进了衣领里，由此可以想象我当时滚动的姿势是多么圆。

到了操场上，我从同学那里借来手电筒查看身上的伤口，膝盖和手肘破皮了，脸上划了道口子，短裤撕了裆。我一边揉自己的手一边跟同学说："我踩了块肥皂，不知哪个王八蛋掉的。"

同学忍着笑说："你难不成还要找人家？"

我说："半层楼啊，要不是反应快，我还得往下滚啊。"

说完我越想越气，站起来冲操场上的人大喊："你们有谁是用护舒宝的，给我站出来。"

一嗓子喊完，我觉得气氛有点不对。

同学拉了拉我的裤腿说："你要说的是不是舒肤佳？"

我们在操场上待了将近一小时，地震预警解除的消息才发到手机上。校长打电话给教育局确认消息为真，便指挥老师把我们轰进了宿舍。那时电已经来了，我跟着人群又混进了宿舍。

爬上床，我开始想一小时前停电的那个瞬间。在那个瞬间，突如其来的黑暗和人群的叫喊，让我误以为地震已经发生，大地立刻就会像风浪里的船一样开始摇晃，撕裂一切，推倒一切，天花板和灯马上就会往下掉，仍在室内的我无处可逃。让我感到惊奇的是，那个瞬间我脑中闪过的脸庞，居然既不是父母也不是当时深爱的姑娘，而是年幼时站在家门口微笑着的自己。

第三次依旧是多事的 2008 年，雪灾导致南方大面积停水断电，过年前一个月，电就已经停了。

那是一个前所未有的冬天，封掉一切的不是雪，而是冰。那时的大地比天空还要透彻，美而纯洁。我曾写过一个很矫情的句子——雪花织了件婚纱，世界白得像要出嫁——形容的就是当时的景象。

但当时四周其实一点也不喜庆，方圆几里内每天都有老人离世，办白事的人忙个不停，令人胸口发闷的哀乐没有停过，时时刻刻震天震地，震得树上的冰雪絮絮飞扬。

由于停电，电视没用，电脑没用，手机没用，年轻人除了围在火炉边聊天打牌，就是带着狗和鞭炮去赶山。那年冬天赶山非常容易，野生动物除了躲在枯枝杂草形成的草棚里无处可去，把鞭炮点燃往棚里一扔，牵着狗站在旁边等着就行，连脚印都不用找。鞭炮一炸，野物自己就会蹿出来。

我赶出来过一只黄灰色的小兔子，它一冲出来就被狗咬住了后腿，惊得直抽搐。我把它从狗嘴里取下，塞进袋子里。下山时，我把它拿出来，捧在手上。它太小了，胆子也小，像一个毛线球一样在我的手上不停地发抖。

或许是被吓傻了，我把它放在地上，它还愣愣地趴在那里不动，我推一下它的屁股，它向前蠕动两步，我又推一下，它又向前蠕动两步。我再推一下，它才顺着山坡跌跌撞撞跑了起来，扭着屁股消失在白茫茫的山头，留下一串可爱的脚印。

那个冬天白天好过，晚上难熬，因为没有任何娱乐活动，蜡烛涨价前还能点蜡烛打牌，后来蜡烛价格飞涨，达到二十块钱一根，打一晚上牌输赢还够不上蜡烛钱，牌局就散了。

蜡烛涨到天价，村里许多老人干脆不用了，天天晚上结伴到有煤油灯的外公家围炉夜话。有段时间我每天晚上都会去那里，每次去，外婆都会给我装一碗热气腾腾的粥，夹一两根超级无敌变态辣的腌辣椒给我吃了暖肚子。

当我听着一墙之隔的风雪声喝粥时，老人们在一旁呢喃着讲过去的故事。

在那之前，我不喜欢听老人们说话，因为他们脱口便是大道理，十句话里九句话有违科学常识。但在那些夜晚，他们没有讲大道理，没有讲神鬼异象，而是讲过去年轻时谁对谁做了什么，谁对谁没做什么，如今老了谁的儿女孝顺，谁去年买的那件三十块钱的棉衣很划算，谁今年的鞋子买得好，又轻巧又暖和，那谁居然去世了，那谁居然还活着。

我坐在火炉边喝着滚烫的粥听着他们的声音，只觉得浑身暖透，风雪难侵。

在那些夜晚，我突然意识到，很多老人，他们只是老了，在寒冷的冬天不依着火炉便温暖不了自己的身体，但属于他们的夏季般的青春，其实也像此时他们脸上的皱纹一样真实。

也是在其中的一个夜晚，外公叫外婆找出他入伍时的那张照片给我看，当时我看后觉得外公简直惊为天人，激动地说："太帅了，生在今天，那就是个明星啊。"我也才明白，我这个大额头，到底是遗传自谁。

后来外公去世，外婆整理外公的遗物时，我问她那张相片还在不在，外婆说："不在了，那年闹白蚁，箱子被蛀了，估计是丢了。"

我当时就很后悔，觉得当初应该用手机把那张照片拍下来，永远保存着。可是谁能想到啊，就算想到，谁又会相信，一个人，一件东西，没了，那就是没了，如此干净利落，不容商量。

那年大年三十中午，村里凑钱买来一个柴油机发电。柴油机发动后，村子亮了，大人们赶着大扫除，铲门前的冰雪。小孩们赶着洗澡，穿新衣服。

到了晚上,家家蒸肉、煎鱼,肉眼可见的浓郁香气,从每户人家的屋顶、窗户、大门飘出来,笼罩在村里的每一棵树、每一块砖、每一个人的鼻尖上。

那天白天因为帮忙组装柴油机累得全身酸痛,洗澡后我没有出去野,看了会儿春晚便上楼睡觉了。午夜时,我被跨年的鞭炮和烟火震醒,从床上爬起来,推开窗,冰冷的风灌进来。我紧了紧裹在身上的被子,缩着头,看向外面。

又下冰雹了,打得屋顶哗哗直响,随手接住几颗也是晶莹剔透,一触即融。空气很冷,呵气成霜,玻璃窗上已经有了冰花,精致得像一枚巨大的指纹。四面八方呼啸着冲天而起的烟火,衬出村庄的宁静,映出群山沉默而深邃的脊背。

那一刻,我想,此时在群山里,一定有很多的小动物像我一样,被巨响惊醒,然后缩着小小的脑袋拥紧自己,在漆黑的夜里,用两只小而明亮的眼睛打量这个又大一岁的世界。与我不同的是,它们的枕头下没有红包。

直到脸被冻僵,烟花爆竹声渐渐稀落,我才把窗户关上,盖好被子,身体蜷缩着,在一片黑暗里轻声说:新年快乐。

舌头才是思念的器官

很多年前，在市里的高中，有天下午我饿坏了，兴冲冲跑到食堂，准备刷饭卡打饭时，看着玻璃后面摆着的饭菜，以及食堂大叔那张泛着油光的脸，突然食欲全消。

那时我已经吃了一个月的食堂饭菜，刚开始觉得新鲜、好吃，对那些嫌弃食堂饭菜的人还有些疑惑不解。吃了半个月后，我就受不了了，每天都饿，想到待会儿可以去食堂会很兴奋，但跑到食堂一看，又胃口全无。

那天饿着肚子从食堂回到教学楼，我跑到小卖部里买了些零食吃，吃完坐在课桌前，还是觉得饿。当时我想打电话给在南方打工的妈妈，但想了想，这个电话打出去，要是我说食堂里的饭菜不好吃，那向来要求我要吃苦但见不得我嚷嚷着没吃好的妈妈，肯定会特别难过。

放下电话后，我坐在还没什么人的教室里写下了这样一篇文章：

　　如果某天清晨，关在屋子后面的鸭子吵吵闹闹地吃完食跑出去后，还有一只鸭子孤零零地在叫，那躺在床上的我就知道，妈妈留下了一只，准备中午做啤酒鸭。

　　妈妈留下的鸭子是精心挑选出来的。

　　决定做啤酒鸭的前一天傍晚，鸭子从外面回来围着盆子吃食时，妈妈就站在旁边，手背在身后，脸上不动声色，眼睛从鸭子身上一一扫过，不时突然弯腰伸手拎起一只，摸摸肚子里有没有鸭蛋，有鸭蛋就不杀，若没有鸭蛋，妈妈还要把手指分开，插进鸭子背上的毛里，摸摸底下的新毛是多还是少，新毛多，那拔毛时就特别费劲，也不杀。

　　一旦挑到合适的，妈妈就会拎着鸭子的翅膀，从屋里拿出来一小截红绳，绑在鸭腿上，然后提着，等其他的鸭子吃饱归栏，再把手上的鸭子丢进栏里。

　　妈妈拔鸭毛时不会用滚烫的水，因为鸭皮一旦烫红，切的时候就容易和肉分离，再倒啤酒一蒸，鸭皮就会从肉上脱落，最后导致鸭皮蒸得太烂失去弹性，底下的肉也因为缺了皮的保护，被蒸得太老，吃的时候又柴又容易塞牙。

　　妈妈切鸭肉、蒸炒时放什么配料、放配料的顺序都会严格按照鸭子的年份来。

　　一年以内的鸭，妈妈会把鸭肉切成一指至两指的宽度。

　　过油时，她会在油温高的时候将鸭肉倒进去，精准加盐，翻炒迅速。一旦鸭皮微黄，她便立即倒入啤酒，等啤酒的香味伴着鸭肉的香味飘出来时，就丢入几截桂皮、几瓣蒜。当啤酒的香味渐淡，鸭肉的香味越发浓郁时，她又揭开锅把已经煮烂的蒜和变黑的桂皮夹出来丢掉，不让桂皮的苦味过多地渗入鸭肉，影响鲜味。

蒸到油跟啤酒快完全收进去时，她就把新鲜的辣椒丢进锅里，加一点盐，再次迅速翻炒，等辣椒附上油光，切开的边缘变成墨绿色，她就把早已切成丝的子姜加进去，再稍微翻炒一些，就装盘上桌了。

这样炒出来的新鸭吃起来是一股浓郁的鲜味，没有多余的败味，皮肉紧致，骨头一嚼就碎，越嚼越有味。

曾有一次，我在中午吃完饭后又恋恋不舍地抓了一块丢进嘴里，我吃那块鸭肉用了一个小时，含着骨头吸味道用了一个小时，又嚼了有半小时，等到彻底没味了，才吐出来，然后一边玩一边憧憬晚餐。

对于一年以上的老鸭，妈妈会将鸭肉切成三指左右的宽度，做的时候也会比做新鸭时悠闲，不疾不徐，从过油到蒸再到炒，刚好用一个煤的时间。

一个煤的时间是指把火炉的风筒彻底打开，换上一个新煤，在新煤接火燃至半个煤身的这段时间里，妈妈就仔细地切辣椒和老姜、剥蒜、清洗桂皮，准备各种配料。

火力一起，妈妈就会把铁锅放到炉子上，烤至青烟微袅，再沿着锅边缓缓倒入盖住锅底大概半个指节深的油，等油温一高，就倒入鸭肉，煎至白气渐淡，再将盐仔细撒到每一块鸭肉上，然后不慌不忙地翻炒，炒至鸭皮微翘，就倒入啤酒，加入干辣椒、桂皮、蒜，然后盖上锅盖焖。

火力开始衰败，当空气中弥漫的香味不再是各种配料和鸭肉各自独立，而是浑然天成时，妈妈就揭开盖将桂皮和蒜挑出来，加入辣椒进行最后的翻炒……

一个新煤刚好燃透，一碗香喷喷的啤酒鸭就出锅了。老鸭出锅后的锅子也不会浪费，妈妈会加一点米饭进锅，放在火上，全锅碾一遍。这样炒出来的饭，不用配任何菜，我也会狼吞虎咽。

这种鸭肉吃的时候就得用手，因为块头太大，拿起来啃才带劲。纯瘦肉就撕成丝状放在饭上，有骨头就将骨头吸一遍，吸净味道才丢，但不会尝试去嚼，因为老鸭的骨头几乎不可能嚼得烂……

最不可思议的是，这种啤酒鸭只要做一次，之后两天，屋子里都会隐隐留有香味。蒸的时候更不用多说，香味飘出去的距离跟桂花比也不遑多让。村里只要有一家人做，几乎全村都能闻到。

但毫无疑问的是，我个人觉得，全村一百多户，我妈做的啤酒鸭最香。

写这篇文章的过程中，我口水横流，没吃饱的肚子咕咕直叫。写完后，由于想爸妈，抹口水之余，我也抹了一下眼角。

写完这篇文章没多久，我就在放月假时赶回了家里，自己花钱买了只鸭，然后提到外婆家里让她帮忙做一下。

当时外婆看我提着一只鸭子，问："崽，这是干啥呢？"

我扭捏地说："学校饭菜太难吃了，我天天想吃啤酒鸭……想了很久了。外婆，你帮我做一下呗。"

外婆闻言眼泛泪光，一边接过我手中的鸭一边捏我的肩膀说："什么破学校，这年头儿还能不让人吃饱饭啊？看把我外孙饿得，就剩骨头了。"

那天中午，我吃到了心心念念的啤酒鸭。狼吞虎咽吃了好几碗米饭，双手并用啃骨头，吃到觉得撑了，我就放下筷子，斜靠在椅子上。

一直在旁边看着我的外婆说："崽，你吃啊，还有很多。"

我心满意足地打着饱嗝说："吃我还想吃，但肚子实在是装不下了。"

后来离开学校进入社会，每年春节一过就离开家乡和父母，一年中要是没有特别重要的事，再回去又是第二年的春节。这样一晃，就是九年。

九年来孤身在外，偶尔会想念家乡，但那种想念常常是一闪而过，非常抽象，唯独在外面的湘菜馆吃饭，想起某一道妈妈做的菜时，那种思念才会以一种具象的方式出现在舌尖上，然后顺着舌尖一点点蔓延到四肢百骸。

有一年清明假期，想方设法跟公司的领导请假回家没成功。清明节当天，下午下班回出租房的路上，我路过一条巷子，突然闻到一股浓郁而熟悉的香味。

我顺着香味和油煎东西的声音，走到一扇窗户前，探头一看，一个中年妇女正面朝窗户在煎家乡每年清明节都会吃的"清明粑"。

看到我，妇女笑起来，问："老乡？"

我冲她笑着点点头，扭头走了两步，在窗户的旁边蹲了下来。我在香味中抽完了一根烟，鼓起勇气又回到窗前，对正在装盘的妇女说："阿姨，你能卖两个这个给我吗？"

妇女笑了起来，说："你这小伙子，都是老乡，还说什么卖不卖啊，你要是愿意进来吃就进来，要是赶时间，我就装两个给你，你拿着。"

我挠挠头说："那你给我装两个吧。"

那天我拿着用报纸装好的两个"清明粑"，兴奋地跑回出租房，洗干净手，然后郑重地掀开报纸，吹开热气咬了很大一口。

也许是我吃得太急了，我嚼得越快，糯米做的"清明粑"就在嘴里越黏，从上牙床黏到下牙床，又从下牙床黏到上牙床。我用舌头绞住它们，趁机飞快嚼两下，然后猛地一咽，只听到喉管发出被撑开的呻吟声，我被噎得翻了个白眼，从凳子上一下弹了起来，手忙脚乱地接了半杯水灌下去。

喉咙刚通，我擦掉噎出来的眼泪，坐在凳子上准备吃第二口时，一种类似于委屈的情绪突然涌上喉头。

求爷爷告奶奶也请不到假我不觉得委屈，每年在外奔波我也不觉得委屈，但看着眼前正冒着热气的"清明粑"，想到刚才蹲在一扇窗户下闻着香味的自己和家里妈妈以为我会回去而提前晒好铺好的被子，心里突然就酸胀起来。

我打了个电话给妈妈，本来想告诉她我吃到了"清明粑"，但话到嘴边，我又只是开玩笑似的说了一句："妈，我最近又瘦了。"

妈妈问我是不是没有按时吃饭、是不是总熬夜。

我说没有。

妈妈说："那怎么会瘦呢？"

我想了想说："怪你厨艺太好，把我的嘴养得太刁，外面的饭菜吃不下了。"

妈妈听了后，哈哈笑了很久，乐完后说："想吃妈妈做的菜那还不简单啊，你回来我就给你做呗。"

挂掉电话后，我翻开日历，从四月一直翻到第二年的二月，翻完后，看着面前已经冷掉的"清明粑"，我突然沮丧起来。

那是我第一次意识到，一年，原来有那么长。

生活中的仪式感

我是个从小到大都追求仪式感的人。

小时候每次跟爸妈怄气，我都会拿几粒饭跑到屋檐下，把饭粒放在地上，愣愣地等蚂蚁过来搬。在饭粒被搬走之前，我哪儿也不会去，也绝不会进屋道歉。谁要是过来拉我，我就会崩溃大吼。

每当那些白色饭粒被放到地上，它们就被我当成内心深处的那些不开心，在蚂蚁们将它们搬走之前，我的不开心会一直在。等蚂蚁们将它们搬走，我才会心满意足地起身抖抖自己发麻的腿，进屋对爸妈笑一笑。

小时候养的狗不管是出车祸还是由于改不了天性掉进粪坑里淹死，我一定会不顾家人的阻拦和旁人的目光，将它们或破碎或肿胀的尸体拖到屋后挖一个坑埋了，埋了后我还会在它们的坟边种一株不知名的植物，然后在坟边坐一会儿。

在将它们掩埋之前，我内心深处的自责和愤怒根本无法排遣。但在完成仪式之后，那株植物活没活，我为它们立的那个小小的石碑能竖多久，我都不会再关心。当我在它们坟边沉默地坐着，坐到在心里说出那句"再见"的瞬间，我就会将它们彻底放下。

再大点，跟姑娘相处，分手那就必须要说分手，在一起那就必须要说在一起，我做不到暧昧，做不到藕断丝连，一切感情的开始和结束，我都会想要有一个简短但郑重的仪式。

记得几年前跟一姑娘异地恋，由于种种情况，她发消息突然说了句以后别联系了。我打电话她不接，发消息她不回，于是我连夜坐车赶到她那里。

早上她开门时感动坏了，但那时年轻气盛的我直接忽略她的感动，傻呵呵地说："我来没别的意思，就是想听你明确地说分手。"

她愣了半天，然后用力地摔上门："脑残，分手！"

哪怕是跟某个姑娘第一次进行不可描述之事时，甭管当时日光多好，月光多好，天阴得多好，床有多软，地有多硬，车有多宽敞，野外多荒无人烟，我们之间情有多浓，在办正事之前，我一定得问一句，你会不会后悔？

在得到确定的答案之前，别说精虫上脑，就是精虫都从七窍化作蝴蝶飞出来，我也不会进行下一步。我不是要证明所谓的真诚和坦荡，也不是要一个承诺，我就是觉得，我得需要一个首肯或者命令，才能保证自己在接下来的时间里可以心无旁骛地醉心享受。不然，我就会觉得自己是在强人所难，乘虚而入，不干不净。

很久以前，我也不太理解自己为什么会追求仪式感，因为以我的性格，我是反仪式才对。毕竟生活中大多数有明确指向的大型仪式，对于参与人员都会从内在精神到外在行为有程度不等的强迫。从某种意义上讲，这就是要求人虚伪。而我最烦的就是无意义的虚伪。

可后来我渐渐发现，生活中实在有太多太多的事发生时毫无预兆，结束时无迹可寻，就像一条没有源头没有去向的河流。向来追求简单、清晰的我，为了能从那种混沌的状态中抽离出来，就必须在事情开始和结束的瞬间为自己设计一些仪式。

我可以不知道一件事怎样开始、怎样结束，但我可以通过一个又一个仪式告诉自己，我对于那件事的参与，何时开始、何时结束。只有这样，今后缅怀这段往事时，我才能清晰地从一个端点抚摸到另一个端点，而不是混乱和无限。

河流从哪里来，去向哪里，我或许永远搞不清楚，但我必须记得自己何时抽刀斩过。

而最重要的是，我可以从一个又一个仪式中获得重新掌控自己情绪的激励。看到饭粒被蚂蚁搬走，我就知道不开心迟早会消失，我得快乐起来；看到黄土将自己的宠物覆盖，我就知道悲伤必须转化为怀念；看到姑娘说在一起、不后悔、分手，我就可以从她的语气和眼神中获得付出的勇气、全身心献出的虔诚、斩断情丝的决心。

我可以在很长一段时间内维持一种情绪而不波动，但大多数时候，我控制情绪转化的能力约等于零，如果不借助任何外力，我郁闷就会一直郁闷，我开心就会一直开心，我疯了那就一直疯了，只有当我完成某种仪式，我才可以从一种情绪迅速转化为另一种，与当时身处的环境更协调。

不然，在葬礼上笑出声来这种事，不知道还会发生多少次。

也是写到这里，我才突然明白，为什么村里那个被儿子接去城里的老头儿会说："我在城里养了只公鸡，不是为了吃，就是想听它早上叫一声，告诉我，该醒了。"

妈妈的嫁妆

我是个扔东西时毫不留恋的人，一旦我觉得哪样东西旧了、用不上了、占地方了，立刻就扔，从不会想：留着吧，万一以后用上了呢。

去年年底家里大扫除，我拖完地，挂着拖把抽烟时盯上了那个在家里老老实实站了三十年的衣柜。

衣柜是妈妈当年的嫁妆，通体实木打造，红漆是手工刷的，两扇门上栩栩如生的凤凰、柜底两个抽屉上精美的牡丹也都出自手工细雕。小时候纵使什么都不懂，有时躲在它身旁跟大人怄气，凝神细看，也觉得它好看。

那时衣柜还很年轻，油漆光滑，结构紧密，打开柜门能闻到清新的杉木味。柜子上面宽阔的空间常用来装爸妈的衣服和被子枕头，底下两个抽屉则被我和姐姐用来装自己的小东西。

在属于我的抽屉里，我放过弹珠、画片、弹弓、磁铁、一个小小的马达以及一只自己做的蝴蝶标本。

在姐姐的那个抽屉里，一开始她装的是耳环、发夹等首饰和一个黑色的日记本，后来她装的什么我就不知道了。自从我在她的日记本里发现了一个大哥哥的照片后，她就叫爸爸帮她钉上了锁。

家里换新房前，由于土砖砌的墙壁不平整，每年我跟姐姐比一年来谁长势更旺时，都是一人一边站在衣柜前，让爸爸在我们头顶用粉笔在衣柜门上画线。

起初姐姐长得比我快，每年新线跟旧线的间隔总比我宽，后来突然间我就追上了她，而且长势一年比一年迅猛。那几年我睡觉时甚至能听到自己全身骨骼罅里啪啦拔节生长的声音。

属于我的那根线一年年增高，越来越靠近柜顶，正当我担心衣柜不够高，再过两年就没地方画线时，家里换了新房。也就是在乔迁的前一天，爸妈打算把柜子从旧房抬到新房，由于妈妈失手，柜子的一只脚在地上磕断了。

从那天起，它就靠三只脚和两块红砖站在家里，一直站到今天。我跟姐姐再没在它身上画过线，也再没把自己的东西放进它的身体里。我们各自有了自己的房间、新的柜子，除了偶尔帮爸妈拿东西时会靠近它，大多数时候，我甚至没再注意过它的存在。

在被我遗忘的日子里，它身上原本光滑的油漆一点点龟裂、剥落。先是靠近红砖那边的底板突然受潮发霉。霉菌死后，一窝白蚁来了，在它身上蛀了几道纵横交错的沟壑。刚替它把白蚁赶走，老鼠又来了，在它的侧面咬了一个拳头大小的洞。爸爸用一块铁皮将洞堵住后不久，它左边的一扇门又在一个干燥的秋天里突然裂开。

爸爸用铁丝将裂缝牵紧不久，它右边那扇门的铰链又在一个湿润的春天里被锈咬断了。爸爸换了个新的铰链，但诡异的是，螺丝孔的位置没动过分毫，门却总不能像以前那样关得严丝合缝。

妈妈说是爸爸手艺不佳。

爸爸说，翻新的东西总没有旧的好，跟手艺无关。

总之，从旧房搬到新房后，它犹如水土不服一般，时不时就会出点问题。虽然每次出问题后爸爸都会细心修补它，但它确实老了，老到不管在它脚底下怎么塞，它都站不直了，老到不管放进去的东西洗得多干净、晒得多透，没过多久，水汽、油烟总能溜进去让其发霉。

那天我拄着拖把看着站在角落里的它时，觉得它像是个很老很老的人，要不是两边有墙靠着，它下一秒就会轰然倒塌下来，化作一堆朽木。我放下拖把围着它转了两圈，抬起手掌轻轻拍了一下，它立刻发出腐朽、空洞的声音。

将门打开，里面都是一些烂衣烂布。当时我想，它应该休息了，不管怎么说，它都应该休息了，再让它站下去是种残忍。更何况，家里新买的冰箱正愁没地方放呢。

我把爸爸叫来，说，这个柜子，砸了吧。

爸爸说，怎么突然要砸柜子？

我说，你看它都装不了什么了，而且把它砸了后，把冰箱移到这里来，妈妈也更方便一点。

爸爸说，那也不用砸，我们来移。

我说，这柜子哪还能移，一移就会散架。

爸爸说，你瞎说，这柜子是实木的，虽然上了点年头儿，但也不可能一移就散。

我还想说什么，爸爸已经把柜子打开了，开始将里面的东西往外搬。搬完后，他撸起袖子说，来。

我无奈地脱了外套，蹲在爸爸对面，手从柜子底下伸了进去。但衣柜显然老到极致了，稍微受力就会伤筋动骨。我跟爸爸刚一使劲把它抬离地面，它便痛苦地呻吟了一声，门自动开了，哐当掉出一根横梁。

我停住脚步说，爸，还是砸了吧。

爸爸说，没事没事，咱慢慢地移过去我再钉上就好。

我把横梁踢开，继续往前走，没走两步，爸爸的手不知怎的突然滑了一下，衣柜猛然沉了下去，一只脚在地上磕了个结实，咔嚓一声断掉了。

我看着还剩两只脚的柜子，苦笑着说，爸，还是砸了吧。

爸爸说，没事没事，移过去再说。

从屋子的一个角到另一个角大概有七米，我跟爸爸走完七米将柜子放下时，柜子已经全歪了——不是一侧支点断了的那种歪，而是呈现出一种软化般的歪——扶着这边歪向那边，扶着那边歪向这边。

我回身一边捡柜子掉下来的零件一边说，还是把它砸了吧。

爸爸没理我，他把柜子小心翼翼垫稳当后，从楼梯间下拿出他的工具箱，点了根烟蹲在柜子边上细细观察柜子到底哪里出了问题，显然打算再给柜子做个大"手术"。

我提醒他，冰箱还没移呢。

爸爸点点头说，冰箱等一下再移，我先把这柜子修好。

这次我忍不住了，说："爸，这柜子明显用不上了，你干吗还修？"

爸爸吸了两口烟说："这柜子是你妈的嫁妆。"顿了顿，他又说，"是你妈带过来的嫁妆里唯一还剩下的东西。"

这句话让我想起了妈妈带过来的三样嫁妆：一个碗柜、一台缝纫机、一个衣柜。除这个衣柜外，另外两样东西早就从我们家消失了。碗柜是妈妈主动不要的，因为再擦也擦不亮了，而且缝隙里老藏蟑螂。缝纫机则是被我亲手弄坏的。

那时我刚学会钓鱼，但缝衣针弯成的钩被大鱼一扯就会变直，于是我盯上了缝纫机上那根粗壮的针，想着只要把那根针搞到手，钓上一条大鱼，妈妈就算知道了也不会怪我。

有了这个念头，我就拿着老虎钳和起子开始拆缝纫机。怎么拆的我忘记了，反正当我把那根针拆下来后，爸爸组装了两天也没能将缝纫机再装好。这事让我挨了顿结实的揍，结实到妈妈都觉得我可怜了，第二天就让我把缝纫机当废品卖了，换来的钱让我自己去买糖吃。

我正打算对爸爸说"有的东西总要扔掉的"，妈妈从外面回来了。她走过来看到柜子被移动了，又看了一眼蹲在柜子前准备替柜子"做手术"的爸爸，轻声说，老吕，这柜子还修什么啊，砸了吧。

我一听来劲了，说，你看你看，妈妈自己都说砸了，别修了，拿锤子来。

爸爸站起来把烟抽完，对妈妈说："真砸啊？上次我扔了个坛子，你骂了我一天，这次你可要想清楚，你那时的嫁妆，就剩这一样了。"

"砸了吧。"妈妈摆摆手，转身走了。

看着妈妈离去的背影，爸爸对我说："要砸你砸，我反正不敢砸。"

虽然对妈妈刚才那句"砸了吧"的语气摸不太透，但我还是从爸爸的工具箱里拿出了一个锤子，爸爸连忙把柜子周围的鞋和凳子拿开。我举起锤子正准备用力砸下去，余光突然瞥到妈妈站在大门口那里，目光穿过两个房间，直直地看着我和我身前的柜子。

我放下锤子回头，想问她是否真的确定不要这个柜子了，她却迅速把目光移开，从大门口走了出去。那一瞬间，我像突然没了力气一样，将锤子丢在了地上。

我对正疑惑地看着我的爸爸说："要不，咱还是修吧，房子这么大，也不差这点地方，让它装点不要的东西也好。"

爸爸说："怎么突然不砸了？"

我说："我刚想了想，我们家里除了这个柜子，再也没有专属于妈妈的东西了。"

爸爸说："可是，这个柜子确实上了年头儿了。"

我说："修吧，万一用得上呢。"

那天我跟爸爸忙得满头大汗，用十多颗螺丝和钉子以及一块木头，将柜子生生弄正了，还特地削了两块圆形的木头将它断了的两只脚补了上去。

柜子修好后，我再次在柜子上轻轻地拍了两下，这次它发出的声音依然腐朽而空洞，但我知道，这是它经历了三十年岁月后应该有的声音。我还知道，这次"手术"后，它可以继续在家里站上个十年八年，一直到某个平常的日子，它再也坚持不住，自动倒塌下来。

那天晚上，妈妈回家看到站得笔直的柜子，微笑着问我，柜子怎么又修好了？

她的微笑让我觉得自己的选择无比正确，我故作无奈地说，我砸了一下，感觉它好像还很结实，就没砸了。

妈妈说，当然结实啊，这柜子是实木的，虽然上了点年头儿，但也肯定没那么容易砸烂。

我点点头说，是是是，实木的，砸不烂。

我确实是个扔东西时毫不留恋的人，可那天妈妈那束穿越了两个房间的目光提醒了我：当一个人，与时间的对峙漫长到一定程度时，他一定会将自己的过去和过去的自己，一点一滴寄托于身边一些肉眼可见的东西上。

那些承载着人们寄托的东西或许存在的时间不会比人本身更久，但那样东西存在，就意味着过去的存在，就意味着在与时间的对峙中，你找到了一个隐秘之所，保存下来了一些专属于你的东西。

妈妈的目光还让我开始害怕一件事：当我跟姐姐都不在家的某个无聊的午后，她跟爸爸坐在家里，放眼望去，屋里全是新的东西，再找不出一丝过去的痕迹时，他们俩会突然意识到自己的苍老，突然意识到时间的威力，然后怅然若失。我更怕他们以后突然有了兴致，要讲关于过去的故事时，连个证据都找不到。

因此，我决定让那个柜子留下来，纵使以后用不上，也要让它留下来。

念旧的人是可耻的

曾在一个夏天，我像个老人一样窝在家里一个月，看了很多年代久远的电视剧和电影。三部港剧、两部韩剧、几部美国大片、一部台剧……差不多当时能想起来的经典影视，我都重刷了一遍，甚至还包括几部 AV 画质的动画片。

后来实在没有可看的了，我又像个刚失恋的人一样听了很多以前的歌，包括几首曾在过去非常流行的网络神曲。

人做什么总有目的，不是明面上的目的就是暗处的目的，有些目的当时不明了，但日后回望总能看出因果。

如今回想，当时之所以用一个月窝在家里，看过去的影视，听过去的音乐，就只是因为在那个夏天的某个瞬间，我看着窗外明晃晃的阳光和阳光下安静的城市，突然感觉自己像是被不断向前的时间丢下了一样，觉得一切都不对劲，只能去过去的东西里找一点存在感以作为自己还活在世上的证明。

那时我进入这个我曾无限向往的社会已经五年了，最初不管不顾的激情和凡事不放在心上只往前冲的热情，在日复一日的疲劳和乏味中消耗殆尽。倒也不是因为挫败感，因为我也没尝试要去赢得什么。

只是当生活像一张网一样从天而降，一点点落下时，我陷入了纠结，不知自己到底该以何种姿势去应对，是大笑三声，还是大骂三声，或者干脆一言不发，像很多人一样，如同没有感受到任何重量一样，沉默着承受下来。

那时励志鸡汤不能点燃我，对他人的嫉妒不能刺激我，对仇人的痛恨不能激励我，那种能让我浑身毛孔猛然张开的东西，我再也找不到了。

从那个夏天开始，我就成了一个念旧的人。

念旧是可耻的。老早就有人说过，当一个人开始停在原地回味过去时，他就老了。甚至我自己也曾在劝解他人时说，只有对自己的现状和未来一无所知的人，才会缅怀过去。

假如说这世上有哪一类人最常用力地打自己的脸，那绝对是真诚写字的人。因为真诚写字的人从来都是有什么写什么，但真实的生活又常常想给你什么就给你什么。一旦两者对不上，耳光声就会震天响。

我不会愿意承认自己老，不仅我不愿意，世上无数老人也不会愿意，毕竟若一个二十多岁的小伙子都可以说自己老，那他们岂不是成老不死的了？

　　我念旧就只是因为近几年在与时间和生活的对峙中，越来越看不见自己了。我不是不信奉未来的人，也不是不能接受新事物的人，我只是觉得，此时的我需要从过去的自己身上学点东西，学点一旦丢掉就再也找不回的东西。

　　去年冬天回家，阴雨许久的天空突然放晴。第二天，在冬日暖阳中，我让摩托车喝饱油，然后像个远行归乡的人一样，沿着马路一路走，一路好奇地四处乱看。

　　很多东西都变了，曾经的水泥国道铺上了柏油，平整得让人觉得不飙个车都对不起它那么优雅的睡姿。

　　小学里的操场改成了食堂，女厕所变成了男厕所，男厕所变成了女厕所，两个厕所中间的间隔已经加高，泛泛之辈爬不上去。

　　国旗台还在原地，但国旗杆已经换成了全新的不锈钢杆，树立在橘黄色的阳光下像一束从大地深处射出来的电筒光，光的顶端有一面红色国旗不厌其烦地在风中猎猎作响。

　　小学时因为哪哪儿都是优点，我做过很长一段时间的红旗手，但每次我都没办法在国歌放完时正好把国旗升到旗杆顶端，不是过早就是过晚，像后来的很多事一样。

　　记得当时陪我一起升国旗的是个有酒窝的姑娘，她换牙时老爱捂着嘴笑，每次我拉着绳子一下一下把国旗往天上送的时候，她总会一会儿看看我，一会儿看看国旗，眼睛里的紧张满得像快要掉出来一样。

　　我知道她非常希望我能准点一次，但很遗憾，我让她整整失望了一个学期。

中学教学楼边上曾有块巨大的荒草坪，在那里我抽过烟，跟人打过群架，流过一些血和汗，也曾跟姑娘在那里探索过成长的奥秘，留下过一些乱七八糟的东西。

如今那里已经没有荒草，取而代之的是数百棵高大的杉树，一走进去，彻骨的阴冷便迎面扑来。那天我蹲在里面像过去一样，面朝教学楼抽了根烟，在我准备在树林里撒泡尿就离开时，独自留守在学校里的保安发现了我。

他问我，干吗的？我说，我抓兔子的。他问，你咋进来的？我说，翻墙。他说，那你快点翻出去。我就翻了出去。

从中学出来，我跑到镇上废弃已久的小公园里。

这个公园曾是早恋者的天堂，每一棵无辜的竹子身上都被人刻满了矫情的表白，从爱一生一世到爱一万年甚至爱十万年的都有，也不知当时我们这帮人怎么下得去手。

过去，公园中间有个水池，水池中间有座假山，假山内部有很多金鱼。曾有个晚上，我用一根铁丝和一根线加一根火腿肠钓上来十多条，准备生火烤的时候，姑娘们纷纷表示池子里曾有王八蛋尿过尿，鱼不能吃，我就又丢了进去。第二天，我一看，十多条鱼没一条幸存的，全翻着肚皮浮在那里，像一个又一个空心萝卜。

此时公园里的竹子不见了，只剩几根还可怜兮兮地活在那里，强撑着不烂掉。池子里的假山也塌了，里面的水黑得发绿，浮满了各种活着的和死去的植物。

离开公园我去了以前经常通宵的网吧，用破破烂烂的电脑玩了几把以前的游戏，甚至还买了两包五毛钱的辣条。买辣条时几个孩子跟在我身后，我大手一挥说，你们一人拿一包，谁料他们满脸嫌弃地说这玩意儿是小孩子吃的，他们才不要。我问，那你们要什么？他们说："大哥，请我们上网吧。"

给他们一人包了一个小时后，我走出网吧，沿着国道朝北走。离开小镇前，国道两边的每一条岔路，我都知道是通往哪个村子，哪个村子里住着哪些曾经的姑娘和哥们儿。

那些姑娘中，有喜欢我的，也有我喜欢的，有跟我发生过故事的，也有来不及跟我发生故事就分开的。那些哥们儿中，有特别崇拜我的，也有恨不能把我撕了挂在国旗杆上的。

好几次我想从任意一条岔路拐进去，随便去往一个村子，看看有没有哪一位同学在家，然后问他要一杯茶。但我终归是没有停下来，拧着油门在清冷的国道上一路向北。

等出了镇，抵达一个完全陌生的地方，我才觉得自己该掉头了。我想，我不能再往前走了，再走今天这一趟收获的东西就不纯粹了。更何况，虽然在寒冷的冬季里，时间总会莫名其妙地变慢，但时间终归还是那个时间，天也终归是要黑的。

太阳已经落在乳房般拱起的山坡上，变成了一颗血红色的乳头，再等一会儿，黏稠的黑夜就会喷涌出来，我得像过去每次放学后玩够了一样，赶回家吃晚饭。

回到镇上时，街上空无一人，只有一辆收垃圾的车放着《致爱丽丝》慢吞吞地走着。这样的景象让我想起以前放学后赖着不肯回家，在街上像只猴子一样四处乱窜的自己。

不久前听过一个理论，说人越活越会感觉时间变得很快，年少时一个下午漫长到仿佛没有尽头，长大后时间的刻刀却会越来越粗，从一刀是一天，变成一刀是一个月，再后来就是一年、十年。

从这点来看，念旧的人都是对时间极度贪婪的人，总想回到曾经缓慢的时间中重新活一遍，但他们也同样是最浪费时间的人，因为他们浪费了此刻。但假如此刻的时间真比过去要快，两相比较，念旧的人似乎还赚到了。

每个人回想过去的方式不一样，有人是以绝口不提的方式将其收藏，有人是以沉溺的方式将自己浸泡其中，我则喜欢通过一次又一次重温，从中发现那些动人至极的东西，看见曾动人至极的自己。

我知道昨天和明天都是不能去寻找的东西，但假如今天无力，比起扭曲自己强行蓄力，我更愿意退后助跑。更何况，我总觉得，在人生的某个阶段，比起搞清楚自己如何走向未来，搞清楚自己如何走到了现在，显然要更重要。

在我开始写东西后，有人问我，你为何记忆力那么好，过去的什么破事你都记得？

我不是什么都记得，我只记得曾激发了我本质的那些事和人，在那些事和人中，我能看见自己的邪恶，看见自己的勇气，看见自己的天真，看见自己的绝望，更能看见在一切落定前，曾真实活过的自己。

但念旧的人终归是可耻的。

我会偶尔怀念过去，但其实我将过去断得很干净，也讨厌参加一些与过去的人有关的活动。我不是怕被谁看见自己此时的一文不名和落魄，我就只是觉得，有些事只能在沉默中保持一种默契，不能出声张扬。

或许他们也像我一样，曾孤身回到曾经待过的地方，但我相信他们没有什么要跟我谈的，就像我没有什么想跟他们谈的一样。

每个人的每段过去都不需要他人来谅解和铭记，也无须跟任何曾参与其中的人交流。过去可存在于事物中，但你不能寄托在像你一样继续向前的生命身上。

最近几年"情怀"这个词很火，许许多多的东西和人，都成了另一些人的记忆的一部分，或者干脆成了记忆本身，一旦提起，人就会陷入狂热的感怀中不能自拔。

过去听到有人嚷嚷谁谁谁是自己的青春，我总会觉得不可理解，但现在我发现，尽管人看起来是以一个愚蠢的固体在时间中沉浮，但其实人更像是一团液体或气体，会持续不断地将自己的痕迹散播到所有接触过的事物身上。这点，也算是人终有柔软一面的证据。

但念旧的人真正可耻之处在于，人一旦开始念旧，就会越活越谨慎。

假如记忆是一个抽屉，往前活是一个不断往抽屉里塞东西的过程，若不念旧，那在往抽屉里放东西时就会特别随意，因为你知道它们进去后不会有重见天日的那天。

若念旧，若你知道此时放进去的所有东西，有朝一日自己会拿出来再度欣赏，那你就会将它们小心翼翼地放整齐、放妥帖，确保放进去的每一件东西都有价值。

谨慎的人的生活往往窄而无趣，在这个娱乐至死的社会中，他们只会越活越可耻。

很多年前，我写东西时常会用"遗忘"这个词，但此刻我终于明白，有些事一旦开始，有些人一旦出现，就必然会以一种野蛮的方式侵入你的记忆。任何强行抹去的动作，不仅不会带来遗忘，反而只会使那些侵入的东西永不蒙尘，永远闪闪发亮。

曾有一次，跟一个姑娘逛街时听到一首老歌，我看了看前方，又看了看时间，发现没有迫切要去的地方，时间也尚早，就点了根烟说，在这儿站一会儿，让我听完这首歌再走。

她说，你神经病啊，快走。

念旧的人是可耻的，更可耻的是，你明明知道，却依然愿意。

钓鱼这件事

最近几天在外钓鱼，我谢绝了几乎所有邀约。有朋友忍不住在电话里问我："冬天冷，夏天晒，天天蹲在水边，守着鱼竿像个老头子一样，到底有什么乐趣？"

我是个很少对某一件事物表现出狂热迷恋的人，但不知为何，近几年，我对钓鱼越来越痴迷，每天无论天气好坏，总想提着钓具包找个野湖野河蹲上一下午。我会为了找一种饵料彻夜翻购物网站，也会跟偶遇的钓友对着混浊的河水争论浮漂调至何种深度更易上鱼。有没有收获不重要，但每次提着钓具出发，务求尽兴。

起初我钓鱼是因为喜欢那种把心系在浮漂上随之浮沉的快感。后来深入其中，由于想去更远的地方钓，想钓更大的鱼，因此对钓技和钓具的要求也在不断提高，我渐渐就迷上了那种因地制宜、因鱼施饵的智慧挑战。

按理说钓鱼这件事应该是相对闲暇的老人们才会喜欢，毕竟这事要消耗大量的时间和精力，而且相对于其他爱好而言，它太过安静，看起来就不适合充满激情的年轻人。但钓了多年以后，钓鱼这件事已经成为我生活中一种缺之不可的习惯，带来的益处远大于弊端。

我会通过钓鱼结识一些志趣相投的朋友，也会通过钓鱼安静地想一些问题。最意外的收获是，由于这些年每到一座城市，我总会先去寻找城市中的河流，也因此渐渐发现，若真要看到一座城市的本质，在车水马龙的街头游走，环望四周的高楼大厦根本看不出来，但低头看从这座城市中蜿蜒而过的河流却可以。

这些年，我曾在外表光鲜亮丽的城市中见过漂满死老鼠和垃圾的河流，也曾在经济不那么发达的城市里见过清澈见底的河流。在南方如今已然衰败的某城，我在河流里见过避孕套；在南方的另一座以饮食为主的城市，我在河流里见过许多动物的内脏；而在一座号称以环保绿化立足的城市，我曾在它的河流里，钓上来过不管怎么煮都有一股柴油味、被工业严重污染了的鱼。

假如每座城市真有所谓的核心，那河流就是城市的核心。不管那河流是人工挖掘还是自然形成，也不管那河流的大小和深浅，只要一座城市有河流蜿蜒而过，那有关于这座城市的本质，一定会被河流巨细无遗地记录下来。

以上属于钓鱼带给我的乐趣，但不是钓鱼这件事令我无法抗拒、无法戒除的那个致瘾因素。

不是资深钓友的人也知道，钓鱼时看到浮漂震颤，人会瞬间亢奋、紧张。但非资深钓友不知道，当亢奋、紧张积蓄到一定程度，你挥竿时仍不能毫无保留地爆发，否则就会前功尽弃。你要把那股劲憋在心里，讲究分寸和力道，不断与上钩之物斗智斗勇，直至成功将其拖上岸，才能最终长呼一口气感受征服一条鱼乃至一条河流所带来的成就感。除此以外，我还觉得人有一种本能，就是喜欢探索未知。

钓鱼在我眼中，说到底就是一件探索未知的事。当我站在河边，看着或平静或凶猛的水面，水底有什么我不知道，但当我把鱼竿拿在手中，把饵料丢进水里，透过在水面震颤的浮漂，水底有什么，突然就变得肉眼可见。

假如说浮漂的震颤和挥竿时对于分寸的把握以及最终的征服过程，都是容易使人肾上腺素飙升的独特感受，那对于好奇心和窥探欲的满足，则是钓鱼这件事使我欲罢不能的真正原因。

唯一遗憾的是，目前为止，我只探索过村庄池塘、山间小溪、城市里的河流以及海拔或高或低的湖泊，还没能去探索海。我希望未来自己可以探索海，可以凭一个浮漂，知道深海的真相。我不期盼有什么收获，毕竟已不是那个为一条鱼脱钩而郁闷一下午的年纪。我只是想看到，在那些未知之处，在那些无人涉足之处，到底有什么。

地底之下

　　国家禁止办私营煤矿前，我们村附近山上大大小小的煤矿有几十个。那些年村里几乎每个男人都在办煤矿，每个妇女都在煤矿上用铁锹装车赚钱。附近山上，一年四季，不论白天黑夜，总是人声鼎沸，机器轰鸣。

　　那时村里的小孩放学回到家，撂下书包就会跑去自家的煤矿上吃饭，吃完饭再到各个煤矿的边边角角找破铜烂铁，积攒起来拿到镇上换钱。等天黑了，一身也被煤染黑了，再被各自的父母揪着耳朵拎回家。等孩子洗了澡睡下，父母就把门从外面锁好，又回到煤矿上干活儿。

　　全镇第一条柏油马路，是离我们村不远的一个国营煤矿修的，从我们村口通过。煤炭产量最高的那几年，马路上的卡车没有停过，到处都是黑色的扬尘。白色的衣服、裤子、鞋子在我们村没人穿，因为不管洗得多干净，一晾出去就会飞快变黑。那时我们村声名远播，村里的人在外面，只要报出村名，立刻就会引起他人的艳羡，因为在其他村还靠种田为生的时候，我们村一个妇女每年靠一把铁锹都可以赚到上万块。

但终究是用土办法在山里掘井采煤的私营煤矿，各种设备和技术都处于最原始、最野蛮的状态，因此各种事故层出不穷。有炸药管理不当把人和厂一起炸稀碎的；有瓦斯爆炸一下子死好几个人的；有透水事故一淹就是一个班（三到五个）的；有下井时忘记开鼓风机，缺氧死的；有违规坐铁斗下井，结果钢丝绳断掉，三个人抱成一团死在铁斗里的；甚至还有隔壁村的一个煤矿和我们村的一个煤矿因为打到了同一煤层，穿巷后两个老板互不相让，就带着人在井下拿着斧头和钢钎打架，当场打死人的。

那时几乎每年都会有至少一个煤矿出事，使得隔壁村和我们村多了些孤儿寡母，许多从外地赶来当矿工的人，也从此留在了大山的肚子里，再也没能回去。但纵使如此，依然有很多外地人跑过来当矿工，依然有些人办砸一个煤矿后再挖一个煤矿。毕竟煤炭就在山里，你只要挖出来就会有人来买，做几年，只要走运，不出事故，就能发财。后来事故确实渐渐少了一些，但总结经验的方式，无一不是以人命为代价。总要丢几条人命在山里，才能知道那座山的底下有没有瓦斯，哪一个煤层不容易发生透水事故。

我第一次见到人的尸体就是在小学五年级那年，村里规模最大的一个煤矿发生瓦斯爆炸事故。事故发生时，我正捧着一碗饭在吃，突然就听到砰的一声，地面震动了一下。我端着碗跑出去，看到很多人从屋里走了出来，抻着脖子望向声音传来的方向。

有人指着山上说："可能是汽车爆胎。"

有人质疑："汽车爆胎没这么大动静。"

过了一会儿，山上有消息传来，说是瓦斯爆炸，井下的人一个都没上来。原本只是骚乱的村子一下彻底乱了。看到村里乱成一团，我知道出了大事，但不知具体有多严重。跟村里人一起赶去煤矿的爸妈估计是怕吓到我，出门前只是对我说："你好好待在家，别乱跑。"

我没有好好待在家，待村里的大人全赶去煤矿后，我把门锁好，跟在几个大孩子的身后，一路小跑去了出事煤矿边上的一座山上。那时正值深秋，我爬到山顶时，天近黄昏，橘黄色的太阳虽然还在群山之上，但已是苟延残喘。

出事的煤矿在对面一座山的山脚下，三面环山，一面是一条用麻石铺就的黑色道路，山壁上一个黑黢黢的洞口就是矿道入口。我和一些跟我一样好奇的孩子站在山顶，往下一看，除了脑袋还是脑袋。直到一辆警车带着一辆救护车赶来，山下的脑袋才自动分成两堆，让出一条道路。

那天我在山顶上站了很久，什么也没看到，我的小腿却一直在不停地抖。天黑透前，我赶在爸妈前面回了家。晚上躺在床上，我问爸爸，山里是不是死人了。爸爸说，小孩子不要问那么多。

第二天，尸体拉了上来，村里乃至整个镇上的人都赶到了煤矿上。我放学回家，看到山上人声鼎沸，村里寂静无声，便再次爬上了那座山头。这次我在一堆脑袋中间，看到了一排刺眼的雪白。

起初我不知道那些白布下面就是尸体，直到一个面无血色的妇女扶着一个嘴唇干裂的老人，从人群中跟跟跄跄地扑进去。她们嘴巴张着，手指颤抖，从左至右将遮尸布掀起来，每掀起一块，她们都会眼睛圆睁，胸部剧烈起伏一下，仿佛有什么东西要破体而出。

女人掀起第一块布的瞬间，山上每一个人都倒吸了一口凉气。我也看到了白布下的那张脸。那是一种说不清楚的感觉，那一刹那我并不害怕，只是觉得冷，一种全身温度突然被抽走的冷。那张脸完全漆黑，头发炭化贴在头皮上，没有眉毛的眼睛紧闭着。脖子以下我没看到，但整个人应该是都被烧成了一块煤。我原本就已经在颤抖的小腿这下抖得近乎完全失控了。

山下的女人和老人还在从左至右寻找着，终于，她们找到了她们最不想找到的，随即身体一软，扑倒在尸体身上。让人头皮发麻的哭声响了起来，凄厉的哭声将原本喧闹的人群一下震得安安静静。

女人和老人继续哭着，更多的女人、男人、小孩、老人，在她们的哭声里排着队，分开人群挤了进去。这些人的动作都与哭泣的女人和老人之前一样：跟跟跄跄，相互搀扶，面色惨白地掀开白布，盖上，掀开白布，盖上，掀开白布，找到了，旋即浑身瘫软，跌坐在地上，死命地哭。

哭声渐渐浩荡起来，令那时年幼的我惊奇的是，原本杂乱无章的哭声随着时间的推移，加上旁边围观者偶尔的低泣，渐渐形成一个固定的频率，最后如同形成共振般铺了开来，声势浩大如电视里的水电站开闸泄洪，响彻山谷。

那次事故一共死了十三人，全是从外地赶到我们村当矿工赚钱的外地青年。他们跟之前的很多外地人一样，扛着席子和棉被在春天乘车赶来，却没有那些人那么幸运，可以在冬天回去。

很多人就是抱着赚钱盖房子娶媳妇的想法兴高采烈地下井，不走运的没干多久就成了一具尸体，有些死于透水事故的甚至连尸体都没弄上来，在矿口立一块碑，刻上名字就准数了。

我亲眼见过最惨烈的事故是在一个春天，同样是瓦斯爆炸。那天我正在我爸的煤矿上玩，突然听到一声闷响，大地抖了一下，抬头就看到不远处的一个煤矿矿口冒出了一团火，火还没散我爸就往那个煤矿冲了过去，一边冲一边语无伦次地喊快点快点。

我跟在他身后，跑到那个煤矿上。那个煤矿的老板整个人都瘫软了，连井下到底有几个人都说不清楚。很多人都赶到事发的煤矿上，但没人敢下井救人。听到救护车和警车的声音时，一直盯着黑漆漆的矿口的我看到一个人影拽着鼓风机上的布，一点一点从煤矿下面爬了上来，我还没来得及凝神看，爸爸就把我的眼睛捂住了。

我把他的手用力掰开，然后就看到了至今想起仍汗毛直竖的画面。那个人全身都黑了，薄薄的汗衫烧焦了贴在身上，分不清哪里是皮肤哪里是布。他双眼紧紧眯着，趴在地上，仰起头张大嘴巴，像是喝了一口热粥一样喘着气。鞋子不见了，裤子熔了贴在腿上。他爬上来后没人敢动他，因为不知道能碰哪里，他整个人看起来就像一块烧红的炭一样。

他一爬上来，煤矿老板当场就跟见了鬼一样晕了过去。那人爬上来听到有人说话就一个劲地叫救命，叫了一会儿估计胸腔里没气了，又大口呼吸了几口，然后也不叫疼，就是一个劲地念叨，老板救救我，老板救救我。

他很快被送去了医院，当时跟他一起上班的五个人全死了。后来才搞清楚，他之所以能幸存下来是因为瓦斯爆炸时他正在侧巷里，没被直接轰晕，但他的眼睛当场就被烤瞎了，瞎了后他就用双手在地上摸，摸到通往井口的鼓风机上的塑料布后，就拽着那块布一点一点爬了上来。

那近一百米的陡坡他是怎么爬上来的，他没说。遗憾的是，后来他还是死了。本来他可以活，但他治了七天，知道自己的眼睛再也治不好，身上也基本没人样，甚至连命根子都被烧坏后，某个晚上他上厕所时就摸着从住院部的窗户上跳了下去。

据传，他跳下去之前，留给他妻子的最后一句话是，我住在几楼？

如今回想我的童年，除了一堆又一堆在阳光下漆黑闪亮的煤炭，就是不时发生的那些令我小腿直抖的惨烈事故。那时我对生命的消逝没有概念，不懂那些昨天还捏着我的脸逗我的叔叔和哥哥，怎么一晚上就没了，只是每次事故发生后，看到地上的活人脸上的恐慌神情和围观者不断用舌头舔舐但仍干巴巴的嘴唇，我恍惚知道地底下发生的一定是这世间最不好的事之一。

那些年我时常一个人从一个煤矿窜到另一个煤矿，又从一个山头窜到另一个山头，爸妈对我唯一的警告就是，不准进入矿道，站在边上瞧也不行。但我自己知道，我对于那些斜着插进大地深处的巷道和那些黑漆漆的矿口是怎样又恐惧又好奇。许多次我路过矿口，都会下意识往里面看上一眼，但一直等到十六岁，我才终于鼓起勇气跟着一个叔叔走进了一个矿井。

　　我记得那是一个夏天，太阳泼洒出来的光是纯净的白色，所有的一切都在水一样的阳光下摇摇晃晃，轻柔得如池底水草。为了满足好奇心，征得叔叔的同意后，我穿上耐磨的工衣，戴上一个大了一圈的塑料头盔，塑料头盔上有盏矿灯，矿灯连接着屁股上装了硫酸的电瓶。

　　下井前叔叔对我说："这不是开玩笑的，你下去看看立刻就上来。"

　　那天我的狗小黑也跟着我在煤矿撒野。我准备下井的时候，原本在阴凉处刨了个坑眯着眼睛思考狗生的它，突然撒开四朵梅花跑了过来。它咬着我的裤腿，水汪汪的眼睛一会儿看我一会儿看那个黑黢黢的洞口。

　　我摸了摸它的头，让它回去，然后跟在叔叔身后，和其他工人排着队沿着枕木边上人工挖出来的阶梯往下走。

　　我走在队伍正当中，叔叔和工人们表情轻松，有说有笑，我却捏着拳头，总担心自己一脚踏空然后把前面的人都撞下去。我低着头，认真走了一会儿，适应了阶梯的高度和距离，开始抬头打量四周。

　　矿灯灯光很散，照不太远，起初巷道两边都是水泥箍成的灰墙，走了一段后灰墙消失了，换成了一根又一根木头撑在巷道两边，巷道中间，两条铁轨黑得发亮。茅草覆盖的巷顶不停有水滴下，落在后脖颈上，冰冷得像怨鬼吐出的口水。

　　由于是夏天，越往下走气温越低，走到六十米左右，我开始打寒战。

　　叔叔扭头问我是不是觉得冷。我扶着大了一圈的塑料头盔点了点头。他问我要不要上去。我探身看了看前方依然望不到尽头的黑暗，又回头望了望井口那个圆形的光环，想了想说："我还是上去吧。"

叔叔轻松地笑了起来，说："我本来也不想带你下去，毕竟这不是什么好事。"

我独自往上走的时候，突然想起很多年前看过的那十三具尸体。

我想那些人下去之前，应该也是这样，说说笑笑的，一边往下走一边聊上了年纪的父母的病情或者自己孩子的学习成绩；爱喝酒的可能会聊酒，爱打牌的可能会约一场牌局，准备哪天休息了，跟老婆撒个谎，跑到谁家里去大战三百回合，谁赢了就出钱买只土鸡炖了，大家补一补；没结婚的可能在聊某个村的某个姑娘，结了婚的可能也在附和，说那姑娘确实不错。

他们的父母可能如往常一样，当时正在屋檐下坐着喝茶、聊天；他们的妻子可能刚洗了全家人的衣服，正把被子抱出来晒，想着今晚丈夫回来让他睡一个好觉；他们的孩子可能跟那天的我一样，看着电视，想着在爸爸回来之前赶紧吃点不健康的零食。

他们往下走着，距离熟悉的人世越来越远，距离亲人越来越远。他们走到井下，走到工作巷，跪着或者躺着，把黑亮的煤挖到竹筐里，然后匍匐着拉到停铁斗的地方，哗啦啦倒进去。或许是谁手里的铁铲挖到了一块坚硬的石头，溅出一点火星，早已弥漫在四周的瓦斯瞬间被点燃，一条火龙凭空诞生，怒吼着从地底冲出来，撞入每一条巷道。正在作业的他们，或许只觉得漆黑的世界在一瞬间变得通红，来不及惊呼就被炸得七零八落。在那一瞬间，或许他们会本能地往地上扑倒，又或许完全来不及反应就被炙热的气浪推到井壁上，无法动弹。

氧气消失后，气息残存的人或许会憋着一口气，尽量延长自己的生命，又或许大脑被剧痛彻底击昏，做不出任何反应。

总之阴冷潮湿的井巷在一瞬间变得炙热干燥，像那一天在几百米以上被秋日烈阳笼罩的尘世。

我想着，渐渐捏紧了拳头，身边的黑暗仿佛有了质量，向我挤压过来。往上爬了一会儿，温度已经升高，我的后背出了汗，濡湿了工衣。

矿口那个圆形的光环离我越来越近，却又似乎遥不可及。快要走到井口时，我回头看向井下，能看见叔叔他们晃来晃去渐渐往大地深处沉下去的灯光，但中间到底有多远的距离我不知道。那就是一团黑色的虚无。

我一踏出井口，机器运转的轰隆声、山林里不息的鸟鸣、炙热的阳光，一瞬间全涌了过来。我像一个走了很远的路的旅人，在井口边的一段树根上坐了下来。我抬头看向天空，天空高远，蓝得透彻，几朵圆润的云静止在天边，像一个个高举的拳头。小黑冲过来，撞进我怀里，用湿润的舌头舔我的脸。

那一刻我抱着它，突然觉得前所未有地幸福。

那次下矿井后不久，国家便全面禁止了私营煤矿。几乎是一年内，附近的山里恢复了平静，那些赶来当矿工的人也全部掉头去了南方讨生活。山里能拆下来卖钱的都已经拆了，如今留下的是一个个黑漆漆的矿井和大堆大堆的矸石，就连那些建厂棚用的红砖，也在后来那几年盖新房的浪潮里，被拆得干干净净。因煤矿发了财的人都离开了，没有发财的就守着冷清下来的村庄另谋生路。村里男男女女的手上都有类似于刺青的小伤疤，算是煤矿留下来的印记。

至于地底之下发生的那一切，恐怕就将永远留在地底之下了。

②

第二章

孤独

孤独能否毁灭一个人

很小的时候，孤独于我而言是一只失手而逃的黑色螃蟹。它有爸爸的手掌那么大，在波光粼粼的水里举着威风凛凛的钳子，两只立起来的眼睛像两粒葡萄籽。但我没能抓住它，我的影子比我的手先落在它身上。我堵住了水沟，撬掉了田埂，着急乱摸的手被碎玻璃瓶割出了血也没能抓住它。

再大点，孤独就是在盛夏时节带上弹弓和狗上山打猎。沿途吃了一肚子野果，看见了一只肥硕的灰兔子和一只五颜六色的鸟，在山顶我还眺望了远方的城镇。但傍晚归来，我和我的狗一无所获，除了一身苍耳。

再大点，孤独就是好不容易把一只鸟从满身鸡皮养到身披雪羽，刚刚学飞却突然被人想方设法偷走，留给我一地羽毛和啃过的骨头。我找不到凶手，只能一点点将它捡全，在屋后埋了好久。

不久前有一个中午，姐姐跟在老家的妈妈通电话后对我说，村里那个放牛为生的老人前天去世了。

我哦一声，点点头。

姐姐看着我，沉默一会儿说："我觉得你现在越来越冷漠，好像对好多事都不关心一样。"

我笑着说："没有啊。"

我记得那个老头儿，我小时候偷偷骑过他的牛，也被他用抽牛的鞭子轻轻抽过。

有一年年底回家，看到他坐在门口晒太阳，我就递了根烟给他。

我帮他点了火，他抽一口，眯着眼睛问："孩子，你是谁家孩子啊？"

我笑着说："吕家的，以前偷偷骑你家牛那个。"

他点点头说："哦，是你小子啊，长这么高了啊……赚大钱回来了是吧？"

一个小时后，我从舅舅家回来，见他还坐在那里，就对他笑了笑。他眯着眼睛看了我一会儿，然后挥了挥手，大声说："孩子，你是谁家孩子啊？"

我扭头大声说："吕家的，以前偷偷骑过你家牛那个。"

他点点头，混浊的眼睛里微微亮了亮："哦，是你小子啊，长这么高了啊……赚大钱回来了是吧……"

我停下脚步，想走过去帮他把落在他头顶的一根白线拿掉时，他的儿子从屋里快步走出来，冲我摆摆手说："你跟这傻老头儿哪里聊得清啊？走你的。"

姐姐告诉我他去世的消息时，我知道最合适的反应是，惊讶地说一句："啊？挺好的一老头儿，怎么就走了？"然后再用半小时跟她聊聊关于老头儿、关于过去的那些事。聊得深了再感叹一句成长的代价和生命的无常，最后用一句多陪伴家人作为话题的结尾。

但我没有，我只说了一声哦。

我听过很多关于孤独的定义和人孤独的原因，但我个人觉得，孤独就是当所有人都在一个假意有趣的过程里享受时，你已经提前看到了那个无趣的结尾。而孤独的原因则是，你知道哪些事才有一个有趣的结尾，但那些事，碰巧只适合一个人闷头去做。

这无关自恋，无关冷漠，就是碰巧一步步走来，突然就被孤独选中了而已。

我也曾是一个合群的人，喜欢呼朋引伴，喜欢吵吵闹闹，时常自责自己没有满足他人的期盼，时常强求他人满足自己的期盼，一旦落单就会如坐针毡，任何活动被撇下就会开始怀疑人生，心里总是很空，身旁待着人才觉得满足，别人笑了我也配合笑，别人哭了我也配合哭……

但后来我发现，自己似乎活成了身边人有意无意希望我活成的那个样子。当我某天尝试着显露一点点真实的自我时，那些原本围在身边的人群却如同见到怪物一样迅速退去，过去所有努力一瞬间归零。

面对那些背影，我觉得绝望。

但他们说，是你变了。

从那以后，我就接受了孤独，学会和自己做朋友，行至灯火阑珊处，再也不回头。

倒也不是说一个人生活有多么好，孤独有多么高尚，毕竟关于生活，任何人的任何选择，旁人都无权评价。有人看世界是靠推门走出去，有人看世界是把自己当成一扇窗。虽然方式不同，但大家终归都是看自己想看的。至于谁看到的才是真实的，根本没有比较的必要。

至于会不会被孤独毁灭，我想说，如果人生来就注定要被毁灭，那在千万种方式中，我只愿把自己交给孤独。因为只有把自己交给孤独，我才能在被毁灭之前，拥有千万种自由。

从自言自语里来，回到自言自语里去

　　一个夏天，我午睡醒来，开门看见一个小孩蹲在巷子里拼一个陀螺。他手指翻飞的同时，嘴里一直在嘟哝着什么。等陀螺拼好，他站起来，兴奋地跑进另一条巷子，边跑边喊："哼哼，这回修好了，我再也不怕你们了。"

　　小孩的声音消失后，我想起了小时候也爱对着一个不会说话的东西自言自语的自己，以及那些会对着一条狗、一只围着自己转圈的苍蝇、一块绊倒自己的石头说话的老人。

　　就交流的本质而言，天真的小孩和返璞归真的老人的自言自语，并不能从外界获得任何实质反馈。但不知为何，每每看到类似的场景，我总会觉得格外动人，甚至隐隐觉得，小孩和老人身上这种自言自语的共性，隐含了人生来并不能跟人进行真正意义上的交流，注定孤独的宿命。

有那么几年，我习惯把所有的喜怒哀乐都放在与人交流能获得怎样的反馈上，一旦身边无人给我反馈，无人用目光注视我，我便会痛苦不堪，辗转反侧。

为了排遣这种痛苦，我开始在线上线下不断去骚扰那些有可能跟自己进行交流的人。那时交流什么对我而言并不重要，我只是想倾诉，甚至别人愿不愿意听我倾诉也不重要，我只是想把所有的情绪都传递出去，然后从他人的语言或者目光中获得安慰。

这跟所谓的寂寞没关系，就是在一个不知道为什么会迷茫但偏偏会迷茫的年纪，当手中没有任何可以握紧的东西，内心深处没有任何可以坚守的信念时，自然而然就陷入了那种妄图借他人反馈填充自己匮乏生活的困境。

这困境导致了两种恶果：我渐渐失去了倾听的能力；为了留下倾听者，我开始说谎，表露虚假的情绪，刻意营造莫须有的苦难来博他人的关注与怜悯。

一直到开始尝试写作，我才渐渐从这种困境中走出来。在不揣测他人想看什么的情况下，写作毫无疑问是一个自言自语的过程。而其他与写作类似的爱好，说到底，也是一个人在日常生活里，通过某种途径，与自己或者这个世界进行真诚交流的过程。在这个过程中，一切交流都不求反馈，只要你去做，便会觉得满足。

后来我还意识到，一个人在生活中想要的一切，本质上都可以分为两种：一种是付出之后的应得之物，比如工资；一种是你在向他人索取，比如他人给你的情感反馈。而既然是索取，那就存在被人拒绝的可能。被拒绝后再去索取，那就近乎乞讨了。但就算不被拒绝，我们其实也并不能从他人的反馈中获得能抵抗内心深处的孤寂的能量，他人在我们身上也是如此。

后来我就再也没有抱着寻求反馈和共鸣的想法去与他人交流，我仍不惮于向他人吐露心声，但再也不会像过去一样看重他人给出的反馈。当他人向我倾诉时，我也不会迫于要给出合适的反馈的压力，说一些违心的话，表露一些压根儿就没有的感悟。

一切交流，我都看作是一个自言自语的过程，只享受交流本身。而大多时候，人也只有在自言自语时，说出来的每一句话，传递出来的每一种情绪，才是完全纯粹而真诚的。

就好比写作，唯有抱着一种自言自语的心态，不揣测他人想看什么，也不期盼获得某种回馈，流淌出来的文字，才是真正的文字。

人之一生，从小到老，度过了中间迫切需要他人来理解的时光之后，无非从自言自语里来，回到自言自语里去。中间过程的长短或许会因人而异，但结局，无一例外。

读书带来的孤独

对我影响最大的外公去世那年，我刚好看完余华的《活着》。

那天捏着外公脉搏的舅外公轻声说"老头子走了"的瞬间，一屋子数十人全跪了下去，男男女女都在哭。

后来三天葬礼，依然很多人哭，尤其外公上山那天，我妈跟我两个姨都哭瘫了，表哥表姐们也在哭，三个快六十岁的舅舅也哭得一把眼泪一把鼻涕的，村里一些围观的老人，也在默默地抬手拭泪。

所有人都在哭，除了我跟外婆。

后来三个舅妈和妈妈不无责怪地问我："那么多人都哭了，为什么没见你哭？"

爸爸甚至对我说："你外公对你那么好，你这孩子，哭都没哭。"

　　我也知道我该哭，因为我生下来就没见过爷爷奶奶，外公是我来这人世第一个送别的亲人，于情于理，我都该哭。

　　但我哭不出来。

　　纵使外公生前曾对我说："要是我走了，你要叫你妈她们别哭。"

　　而我的回答是："那怎么可能？别说我妈，我自己都会哭。"

　　但在外公去世当天，在他的葬礼上，我很努力，很努力地想哭，很努力地想他这次离开就是永恒，很努力地想他过去的音容笑貌，但我始终哭不出来。也因此，在一些当时观察过我的亲戚眼里，我成了一个心硬如铁的人，一个不管多深的恩情，都不会放在心上的人。

　　但我知道不是这样的。我什么都记得，所有的恩情都记得，但当死亡发生后，那时刚看完《活着》的我，心里满满的全是"迎接死亡是人生来就该承受的苦难"，本该奔涌而出的眼泪就这样被野蛮阻拦了。

　　可当有人来问我为什么不哭时，我却什么也不能说，我心里想的那些关于人世和生命的真相，说出来，就会被误解；一争辩，就会被斥责为无礼。于是我只能沉默。

　　后来我又看了《万物简史》，在书的序言里，作者写道："有一位读者在看完《万物简史》之后，说不再惧怕死亡了。"作者觉得这种说法是对一本书的最大褒奖。

　　我也曾写过一句话："很多好的作家从不教人如何活，倒常常告诉人死并不可怕。而好的读者，就是在明白了死并不可怕之后，开始尽情地活。"

我不知道于他人而言，读书给他们带去了什么，读书多导致的孤独是怎样的，但于我而言，读书就是在看了一些极致的人生和赤裸的真相后，对于这个世界和自我存在的意义，有了不同的思考。

而孤独的原因则是，我所有的思考，都只能是我自己的，不能跟任何人分享，不管其他人读了多少书，读了哪些书，在面对生活和苦难时，我所有的思考，都只能用来保护我自己，而不能说给任何人听。

我一直觉得读书是一个往自己脑海里添加声音的过程，而写作，就是一个抹去这种声音的过程。

但读和写，永远无法同步。

我可以一秒钟看数十个字，甚至从书中的人物说出的一句话中体会到一种不同的人生，但让我写，我一秒钟只能写一个字，更不可能写出某种人生。

于是，脑海中的声音永远只增不减，永远会在所有清醒的时刻、快乐的时刻、受难的时刻、失眠的时刻跳出来大声疾呼，让真实的尘世显得宁静而孤独。

但我最后还是哭了出来。在外公去世一年以后，我从外地回来，外婆拿了点纸钱和香说让我扶着她去山上看外公。那天，看着当初跟我一样，在葬礼上表情淡漠的外婆扑倒在外公的坟上，手揪黄土，声嘶力竭地哭得山林直颤时，我看着在穿林而过的寒风中，外婆瘦弱的身躯和散乱的银发，不禁悲从中来，失声痛哭起来。

　　我确实可以承受亲人离世的苦难，但我依然无法看着那些活着的亲人被这种苦难折磨。更让我感到孤独和无力的是，我此生都无法将通过读书得来的这种能力传递给我挚爱的人们。

　　我不是要教他们冷漠，也不是觉得因悲伤而哭有什么不好，更不觉得因死亡而放声悲泣是愚昧的，我只是希望，假如有一天，不管是有意的还是无意的，不管是命运的安排还是自然而然地走向死亡，当我给他们带去苦难时，那些真正爱我的人，那些凝聚了我对这个世界所有眷念的人，可以为我少流几滴眼泪，少心痛几回，可以尽快把我放在心里，开始尽情地活。

　　若真能如此，我就完成了我生前身后对他们的最大庇佑，我读的那些书就没白读，那些虽然矫情但真实的孤独，我就没白白承受。

一次匆忙的死亡

多年前，外公去世，妈妈哭了一阵，滚了一阵，什么也没说。前年大姨因癌去世，妈妈哭了一阵，滚了一阵后，声音颤抖着说："崽，我现在终于知道为什么人活过四十，突然就会老得很快了。"

我说："为什么？"

妈妈说："因为人活到这个年纪，不是自己要开始准备死，就是要开始准备看一些至亲死了。"

当时妈妈说完这句话，望向已经失去丈夫和一个女儿的外婆。只是没想到，三年后，准备好的妈妈等来的不是外婆的葬礼，而是二舅毫无征兆的死亡。

那天爸爸打来电话说："崽，你回来一趟。"

我说："怎么了？"

　　爸爸说："我刚把你二舅从田里抬了回来。"

　　我说："怎么了？"

　　爸爸说："你二舅走了。"

　　我愣了愣说："怎么了？"

　　爸爸说："反正你回来吧。"

　　据传二舅死得很快，在田里开着犁田机犁田时突然就倒了下去，然后未熄火的犁田机嘟嘟嘟叫着从他手上开了过去，把手铰成了两截。

　　由于当时没人听见惨叫声，因此很多人推测二舅的手断掉时，人已经没了。但至今仍未推测出来，二舅到底是倒下时就已经没了，还是因为倒下后，被田里的水活生生给闷没的。

　　但不管怎样，反正他就是没了，没有任何征兆地没了。没人打算去搞清楚具体原因，像这世上每天都会发生的那些无法知道真相的死亡事件一样。

　　二舅死得像他活着时一样匆忙。

　　他生前没有正经工作，养家糊口全靠在山里搞点动植物卖，一生抓蛇无数，捕鱼无数，打猎无数，种下水稻无数。

　　在我的印象中，他不是提着个编织袋上山就是提着个编织袋下山，面庞始终黝黑，脚步始终匆忙。他唯一停下来的时刻，就是端着一杯酒，蹲在门口，一边喝一边逗他自家的狗。

　　他跟舅妈两个人起早贪黑上山下田，养大了两个孩子，盖起了一栋房子，最近十年心心念念想抱孙子，奈何大表哥在与姑娘相处方面不太擅长，今年三十六岁，仍旧单身。

眼见自己的儿子空长岁数，既不成事也不成家，二舅不止一次念叨，这做着没劲，看不到媳妇看不到孙子，做着真没劲。

但他依然在做，直到最终倒下，像一块泥土一样被犁田机犁了过去，死因不明。

小的时候，由于同村，加上我本来就野，因此常喜欢跟在他屁股后面。他设陷阱抓兔子，我就为他提口袋；他背着电鱼机电鱼，我就给他提桶。他手把手教我钓鱼、教我抓鸟，甚至还教我如何用钢管和火药自制简易猎枪。

有次抓蛇，蛇溜进了一道石缝里，他摆摆手叫我过去，说蛇进洞后蛇鳞张开会挂住洞壁，拔不出来，让我揪住蛇尾，好让他回家拿锄头来刨。

我说："这蛇有毒吗？"

他说："有。"

我说："那你还叫我抓，万一被咬了呢？"

他说："胆子这么小，那你还怎么跟我学做一个猎人？"

那是我第一次摸蛇，一摸就是一下午。那个下午太阳毒辣，我全身绷紧蹲在山脚下，双手揪住蛇尾，蛇往里面扭，我往外面拔，连腾出一只手擦汗都不敢，等二舅醉醺醺赶来，我跟蛇都快累坏了。

我看他手上没拿锄头，就说："舅，锄头呢？快刨啊。"

他哈哈一笑，喷我一脸热乎乎的酒气，然后弯下腰，右手轻轻揪住蛇尾，单手握紧蛇露出来的半截身体，把蛇往前推一下，往后拉一下，如此循环几次，原本像长在洞里似的蛇立刻像根棍子似的被拔了出来。

我说："舅，你太牛了，但你是不是耍我呢？"

他一拍我的后脑勺说："我就是想让你练一下胆子，这蛇没毒。"

我们这边有句话：捞鱼打虾，永不发家。二舅干的那些事，我觉得很有趣，但亲戚们并不待见，尽管有些人想吃什么野味时总会堆着笑脸找他，但转过身，又会面露鄙夷。

二舅一辈子都在匆匆忙碌，虽然喝醉时不太好相处，爱说大话，但谁家有什么事找他，他从不推托，撸起袖子就会搭把手，有时弄到什么野味，也会想着给亲戚们尝一尝。

像农村里很多沉默的汉子一样，二舅生前没人问他累不累，也没人愿意跟他坐着聊一聊天，直到他倒下，死了，消息通知给每一个亲人，他的一生才终于变得栩栩如生。很多人开始算他做过的好事，开始细数他曾给自己带来的帮助，还帮他算这一生吃过的苦和受过的罪。

生活是匆忙的，匆忙到很多亲情日渐淡漠，匆忙到很多亲人随着聚少离多开始在彼此心中变得身影模糊，甚至匆忙到很多时候，有些人唯有死去，才能让自己在亲人们的心中短暂地重新活过来。

多少本该生时叙的旧，偏偏要等到彼此中的一位永远离去，过往的记忆才终于被重新激活，化作眼泪和言语，倾洒在葬礼上。他们这般，我亦如此。

信佛的外婆知道二舅去世后，躺在床上不愿起来，一会儿怪自己活得太久，把儿女的寿命给占了，一会儿怪二舅这些年杀生太多，所以遭此报应。

她不停地问"自己怎么还不死"，又不停地问"我儿子抬出去没，抬出去了的话，你们就准备准备，把我也抬出去吧"。

后来估计没力气了，外婆就不哭也不喊了，只一个劲地埋怨外公，说老头子好命，早走一步，躺在地里什么都不用管，每天晒晒太阳、吹吹风，睡得舒服踏实，女儿死了他不知道，儿子死了他也不知道。

外婆说她现在就盼着自己早点死了，然后去地府扇外公俩耳光，问他怎么老接错人。

没人知道怎么安慰她，因为没人知道如何对一个在十年内经历了丧偶和两次白发人送黑发人的老人，说出那句单薄的"节哀顺变"，或是"事已至此"。

很多事没办法，死掉的人没办法，活着的人也没办法，这也难怪很多人想着想着，实在想不出办法，于是决定用死来当办法。

二舅离世已经八天，亲戚群里和现实中关于他的生前已经无人讨论，将他的手铰断的那台犁田机被人抬上来又抬下去，继续嘟嘟叫着在田里转圈圈。

我匆匆写下这些不为别的，就是想说一句，八天前，有个我觉得很不错的人，匆忙地死了。

闷骚地活在这个世上

从小到大，除了长得帅、身材好、重情重义、多才多艺、气宇轩昂、幽默风趣、不要脸以外，身边人对我的评价还有"闷骚"。

在我身上，浅一点的闷骚属性如下：

第一，人少的时候或是与关系亲密的人相处时，言谈举止骚气四溢，近身一米者，无不被笼罩其中，极少有漏网之鱼。

第二，人一多，闷的属性便自动觉醒。有句话叫"他人即地狱"，一群他人对我而言就是十八层地狱。哪怕有时看热闹的球赛和热闹的表演，只要置身人群，我都会抱着胳膊，以一种不知自己此时究竟身处何方的忧虑神情戳在原地，无法欢脱。

朋友早说了，在生活中，我不是在装弱智儿童就是装四十不惑，不装的时候，基本没有。

第三，碰到好玩的东西时会兴高采烈地介绍给身边人，但我至今没有特别喜欢的东西和偶像，甚至连最爱的影视、音乐也没有，因此始终无法理解他人面对某件事物时呈现出来的狂热。

第四，喜欢干的事情很多，但都喜欢一个人干。哪怕是两人干的事，比如打台球，有时我也宁愿独自包张桌打，不愿跟人拼杆。因为我总觉得他人会影响我享受某一件事情。生平最烦的就是刚低头准备用心干某件事，身边人说，这个没劲，走，换一个。

第五，生活中常以追求快乐和自然为最高目标，但基本不大声说话、大声笑，跟声音大的人同处一室或走在街上，时时刻刻都想找个地洞遁地而逃。

第六，不善于表达太炽热的情感。像"我爱你""我想你"这类令人老脸一红的话，这辈子我至今仍未亲口对任何人说过，尽管心里早就爱得要死、想得要死，用其他方式表达倒毫无障碍。

深一点的闷骚属性如下：

第一，爱装大爷，但从小就讨厌被人太热情地对待。生平干的最没礼貌的一件事，是走进一家正搞活动的店，一进门就冲两边准备鞠躬喊"欢迎光临"的两排美女迎宾说，全都给我住嘴……吃过一次海底捞，然后那里的服务让我这辈子再也不想去。在服装店买东西，不喜欢被人伺候换衣试鞋，不愿意接别人倒来的水，更不愿意让人替我擦鞋或绑鞋带。

第二，谢绝跟人有不必要的肢体接触。至今未在发廊洗过头，沐足、按摩之类的拿钱砸我我也不愿意去，实在搞不懂把自己的脑袋和脚交给别人像面团一样揉有什么乐趣。

第三，有时知道争论无意义，但仍会跟人争论，有时心里生气，也能淡定地看着一群人拿着智障的号码牌上蹿下跳，趾高气扬。

第四，基本能享受孤独，享受孤独的方式却是把自己所处的空间弄热闹，制造热闹的方法是用有颜色的植物和好玩的动物以及动听的音乐，但大多数时候瘫在床上脑力全开，任其嗡嗡作响。

第五，跟喜欢的姑娘待在一起，起初总会娇羞如林黛玉，尽管心里早就上演了各种香艳的情节，但大多数时候都是被推倒的那一个，而且被推倒之前还要挣扎着轻声说一句："姑娘，你别这样……"但一旦被推倒一次，之后就会如脱缰野马一样，满屋子光屁股乱跑也不害臊。

第六，哪怕再喜欢一个人，在公众场合也不愿做出太亲密的举动，在街上牵个手搭个肩就是极限，无法接受大庭广众之下互喂食物，无法接受大庭广众之下亲吻脸颊或是其他什么鬼地方，再恩爱也不愿秀给任何人看。

深至灵魂的闷骚属性是：

活了二十五年，一半时间想做彻头彻尾的流氓，一半时间想做传说中的正人君子，最终流氓不像流氓，正人君子不像正人君子，倒常被人误认为是人渣。

对于闷骚者，心有猛虎、细嗅蔷薇是最佳状态，最差的就是像我这样，一会儿心有猛虎，一会儿心有蔷薇，一会儿想把自己撕了，一会儿想轻抚自己。

第一次听人说我闷骚时，我心生不屑，想尔等凡人怎知爷的境界，谁知后来越活越发现这个评价的准确。直到连我自己也开始留意自己的闷骚属性后，我才猛然发现，表面坦荡的自己，竟活得如此纠结。

作为一个没见过什么大世面，但经历的事情和人都比较多的老司机，按理说我要么看透了他人，开始闷，要么看透了自己，开始骚，怎么也不会让自己落入如此不舒服的状态。

闷骚的人确实不好，既没有闷的人那种看起来似呆萌、似深沉的气质，也没有骚的人那种八面玲珑、不管不顾，只要自己活得轻松惬意的姿态。最重要的是，闷骚的人常常被人误认为是虚伪和装蒜。

其实真不是故意虚伪，也不是故意装蒜，毕竟这两件事对于我而言，是无须故意也能做到的事。我害羞时是真害羞，不爱说话时是真不爱说话，就像在 KTV 里，有些人爱号，有些人就愿意坐在沙发的一角，而我则是一会儿坐在沙发的一角，一会儿拼命地号，别说旁人，就连我自己也不知道自己为何这样。

至于内心汹涌，表面不动声色，也并不是因为害怕袒露自己，就是总觉得，跟人保持一定的空间距离彼此都舒服，跟人保持一定的情感间距才能让彼此进退自如。无论他人对我的态度是出于什么目的，无论我是否理所应当获得那种态度，我始终认为，把情感反馈放在他人对待自己的态度上是一件很傻的事。

有段时间我想治疗一下自己的闷骚病，想成为那种无论在什么场合都放得开、在公共厕所随便蹲个坑都能结交几个朋友的人。毕竟传说中只有这样的人才能获得成功，只有这样的才能在这个赤裸、直接的世界中如鱼得水。

但后来我又闷骚地觉得，哥们儿已经如此完美，有点小缺憾，似乎也无妨。

我确实知道所有让自己变得更强大的方法，也知道如何屏蔽外界的干扰，无奈天性敏感，对于细节总会格外在意，所以才会时时注意，避免自己被他人刺激，避免自己不小心刺激到他人。

同理心源自敏感，敏感等于脆弱，脆弱又等于矫情，矫情又等于——在这样一个世界中，你注定成不了干大事者。

可这能怪谁呢？要怪只能怪这世界向来不接受复杂，向来喜欢将一切尽量简化，只取人身上与之相适应的那部分，让其他部分显得冗余。

我相信每个人初入社会时都有很多不能为人理解的一面，后来很多人之所以变得可以理解，只是因为他们把某一面藏了起来，而不是因为那些东西不存在。当学会隐藏的人多起来以后，那些不知道怎么切除冗余一面的人，就开始显得与这个世界格格不入，直至不可理喻。

多年前我曾说，人的本质就是生命的本质，而生命，是会流动变化的。

就像写文章以来，每天都有人叫我只写一类，把一类写到极致，才会受那一部分人关注。但大爷我真的做不到，我有想装的时刻，有想讲段子的时刻，有想给你们带来点不同角度的看法的时刻，甚至，有时就想任性地说一句：看什么看，今天没东西写。

多年以前，网上第一次出现"闷骚男"这个词时，很多人讨论这种人的优缺点、跟这种人相处时的难度。但问题是，所谓的难相处，说到根上在于彼此性格不同，对同样的事的态度不一样，而不是谁真的做错了什么。

记得之前有一个女孩问我是什么性格，我真诚地说，闷骚。结果她如吞了蟑螂一样，大惊失色地说："啊？不会吧，我的天哪……可别闷骚了，闷骚男很讨厌的。"

我当时心里想，闷骚怎么了？闷你家狗骚你家猫了？嘴上说的却是，姑娘，你就不想尝尝这种重口味？

将闷骚属性发挥得淋漓尽致。

也许是自我安慰，但闷骚了二十多年后，我渐渐发现了闷骚的好处。

一是节省自己的精力。一个讨厌被人伺候的人，他绝不会去伺候别人。一个讨厌被热情对待的人，也绝不会去对人太热情。

二是由于长期处于神经病和正常人之间，对种种情绪的感知总要比不闷骚的人深刻一点。换句话说，闷骚的人更容易念念不忘，也更容易听到最轻微的回响。

三是于写作这件事而言，由于对细节高度敏感，又在某种程度上有极强的同理心，所以我更能发现一些人人都见过但又不被人放在心上的东西，每天都有想写的、想说的，虽然价值可能很低，质量可能很差，但从不存在要憋出个什么东西的情况。

四是对于一些"傻白甜"的姑娘而言，她们常会把闷骚男误以为有趣和有艺术气质，然后泥足深陷，将像我这样的人一手培养成老司机。当然，她们也有收获，那就是在离开像我这样的人以后，再遇到其他不闷骚的哥们儿，她们会觉得生活格外简单，爱情格外美好。

　　我曾说被我爱过的姑娘都会很幸运，起初我以为自己的隐藏属性是个能给姑娘的人生开光的老和尚，后来我发现，这种神奇的现象之所以出现，就只是因为，姑娘在经历了我这样的人以后，在全方位领略到男人的复杂以后，再投身其他男人的怀抱，就会像看完文言文再看白话文一样，瞬间觉得简单、顺畅、舒服。

　　光凭第四点，就算此生干不了大事，我也得闷骚地活下去，拖着那些冗余的部分，以一种不可理喻但偏偏有笨蛋愿意尝试来理喻的姿态，活在这个世上。

当你觉得身边人都见识短浅

很久前我写过一句话：我一直觉得人最大最普遍的痛苦，是当时当下自己身处的环境与自己的思想不对等。无论是环境高于自己的思想还是低于自己的思想都会带来莫大的纠结和苦恼。

这句用词有点不严谨，比如"最大"和"思想"就用错了，但"最普遍"，我觉得用对了。人身处的环境高于自己的能力时，会觉得自己配不上那环境，从而自卑、怯弱；人身处的环境低于自己的能力时，会觉得自己被傻×环绕，觉得自己本不应如此，从而烦恼、痛苦。

之所以说"最普遍"用对了，是因为我觉得人几乎不可能找到一个与自己完美匹配的环境。人会变，环境也会变，人可以通过提升自己，进而改变自己身处的环境，但也可能提升到了某个临界点或迫于现实，就此被环境彻底束缚，再也跳不出去。所以我说这种痛苦普遍存在，且无论见识多少，每个人都曾至少感受过一次。

写东西以来，我不止一次说过我是个"搬砖工"，很多读者以为这是调侃，但我确确实实就是一个民工。我身边的人大多是来自五湖四海的大叔和年轻人，他们每天讨论的东西、生活方式，跟我千差万别。

我拿了工资存一点，花一点，他们拿了工资就会哈哈笑着去赌，去嫖。

他们随地吐痰，随地小便，路过的姑娘稍微有点姿色或穿着清凉，他们就会吹口哨骚扰。

他们言必带生殖器，对任何一件事的判断都简单粗暴，只要超出他们认知的，就直接否定。

他们谈起男同，言语粗鄙到我不忍描述，谈起官员和富人，全是赤裸裸的妒忌和仇恨。

他们会花很多冤枉钱，交各种各样的智商税，但从不愿买一双好一点的鞋子，或买一个好一点的手机，更不会买一件好一点的衣服，以提升自己的生活品质。

我不是说自己多有见识、多有文化，但至少最基本的礼貌和修养，客观来讲，我甩他们十条街。

可我在这样的环境中与他们相处了近四年，加上过去在工厂或是其他地方，我跟这类人相处的时长已近十年。

近十年来，我用各种方式调整过自己。一开始我鄙夷他们，后来我尝试妥协，做起码的融入，再后来我开始谅解，但我又很快觉得谅解是一种居高临下的态度，于是我开始观察他们，并用我自己的方式为他们的存在和行为模式做出一个合理的解释。

而现在，我已经跟他们实现了和平共处，既不是他们的朋友，也不是他们中的异类，他们在我眼里是另一种生活，我在他们眼里就只是一个不错的工友。

无知是无罪的，但无知又确实会伤害到他人。为了避免自己变成那个"他人"，在一个你暂时无法跳出去的环境里，你唯一能做的，就是释放一点"你跟环境是不同种类"的信息，但同时又不能太得罪当时的环境，以免自己被彻底孤立。

过去一些工友拿了工资，常会拍着我的肩说，走，嫖啊。

我每次的回答都不是"我不嫖""没兴趣""怕染病"，而是特装地说："我家里现在还有三个等着呢，我有必要花钱？"

久而久之，他们会感觉到我跟他们不同，做一些事时不会再叫我一起，但他们又不会觉得我看不起他们，因为我从来就不会从本质上否定他们。

在我刚看点书，学了点知识和思维方式时，我觉得自己每时每刻都痛苦，觉得周围人包括亲人在内都是没见识的人。

我没办法让他们接受我想晚婚，没办法让他们接受人不一定要生个儿子，更没办法让他们接受我一个做苦力的人花几百块买一副耳机就为了听歌，而不是为了攀比和炫耀。

还有很多很多的事、很多很多的言论，都让我觉得不可理喻，都让我觉得自己倘若不尽快跳出当时的环境，就会被活生生同化或逼死。

但后来我意识到，自己实力就这样，而环境从来不是由单独的个体塑造而成的，所以它也从不会为任何一个个体而改变。我能做的，就是保持自己本质不变的前提下，尽可能适应它和他们。

除了痛苦以外，当一个人觉得自己身处的环境配不上自己时，还可能会感觉到孤独。对于大多数人而言，这种孤独多半来自于触目所及竟无一人可以了解自己，也因此越发觉得自己身处的环境和这个环境中的人都见识短浅，从而越发孤独。我不想将这种感受斥责为矫情，因为孤独不丢人，偶尔觉得身边有很多笨蛋也不丢人。

但我想用曾随手写的一则故事来谈谈这种孤独：

大狗对小狗说："你说小猫抓蝴蝶，不理你；小猪唱歌，不理你；小鸡捉虫子，不理你。可你有没有陪小猫抓过蝴蝶、陪小猪唱过歌、陪小鸡捉过虫子？"

小狗说："只要陪它们玩，我就不孤独了吗？"

大狗说："不会，你陪他们做你自己不喜欢的事，久了也会孤独。"

小狗说："那到底怎样才不孤独呢？"

大狗说："孤独是种必然，没有不孤独的方法，我只是提醒你，别把他人的冷漠当成自己孤独的原因。"

把最后的"冷漠"替换成"无知"，也成立。

③

第三章

看法

整容这件事

第一个故事：

我有个发小，从小长得很丑，丑到旁人看到他总会多看两眼的程度。初中时他喜欢一个姑娘，而那姑娘喜欢我，因此他冷落了我很久。

到了高中，他开始长痘，满脸起包，温度和湿度稍微一变，他的脸就会红彤彤的。

从那时起，他整个人都变了——走路不敢抬头，买衣服除了黑色就是灰色，不买任何其他晃眼的颜色，不敢跟女孩说话，一受人注视就会额头冒汗、目光闪躲。

高二的时候，他觉得自己的心理压力实在太大，就跟父母要钱去治疗痘痘。但他家本来就穷，父母听到他的要求后觉得这孩子简直不可理喻，不好好学习却偏偏在意脸，不仅没把钱给他，还劈头盖脸骂了他一顿。

他没办法，只能自己揣着一两百块钱生活费去镇上找了个中医，中医开的偏方是叫他用田里的泥巴敷脸。他躲着敷了。

有次在学校，我看到他偷偷摸摸从学校旁边的田里用塑料袋装了坨泥巴，闪进了男厕所。这事除了我之外没人知道，我也从来没问过他。

好几次我想找机会跟他说别太在意脸上的痘痘，毕竟痘痘是阶段性的，到了二十多岁就不会再长了。转念我又想，这样的话估计他对自己也说了无数遍，但显然无效。我能看到他因为长痘而烦恼苦闷的样子，但我并不能体会到他心中承受的压力，不管那压力是别人给的还是他自己给自己的，我都无法体会。

后来他上了大学，痘痘确实没再长，但他毕业后也不知怎么想的，在我们市里的一座山上出了家。

有次我跟一堆同学特意去山上找他。他穿着僧袍，神色坦然了许多，但已不再叫我们的名字，而是躬身叫施主，这让兴冲冲跑去想找他叙旧的我们满脸尴尬，不知该说什么。

第二个故事：

我还有个朋友，他遗传了他妈妈的身高，三十五岁，1.51 米，没有找过女朋友。

二十岁那年，他家人也不知从哪里听说吃童子尿煮猪饲料可以长高，于是就找了点童子尿煮了点猪饲料给他吃。后来得知是恶作剧之后，他被人耻笑了很久。

因为身高问题，他从小到大，长期被人欺负和歧视。

他如今的技术在他做的那个行业已经算是顶尖，但始终无法升迁，因为他在厂里做管理时总感觉少了点威慑力，那帮愣头愣脑的年轻人根本就不会把他放在眼里。

有次我和他逛街，我因为接电话落后了一点，走在前面的他不小心撞到了一个小伙子。他说了对不起，但那小伙子扭头看他一眼，依然用力地揍了他一拳。

听到他说对不起时我就已经抬头了，若只是因为那一拳，我那天并不会特别愤怒，真正让我愤怒的是那个小伙子看他的那个眼神，饱含藐视、轻视，像看一只虫子，仿佛动动手就可以捏死，这让我忍无可忍。

他被打倒的同时，我把手机放进兜里，把钥匙环握在拳头里，让钥匙从指缝里露出去，冲过去对着那人的脑袋砸了几拳。当天晚上我就被带到了派出所。

后来钱是他赔的。

他接我从派出所出来时，我拍拍他的肩，他对我微微笑了一下，什么也没说。虽然他什么也没说，但我也知道他要说什么。

第三个故事：

我大姐从小到大都很漂亮，到了二十七岁，生了小孩后突然开始长胖。她每天都觉得饿，想控制饮食却怎么也控制不了。

以前乐于参加各种活动的她从此再没去过同学会，也不像以前那样三天两头去商场"火拼"，脾气渐渐变得暴戾，笑容再没有以前那么开朗。

姐夫为了开导她都想破脑袋了，但效果甚微。

她尝试去跑步、做瑜伽，但总坚持不了太久。于是她开始吃减肥药，拉肚子拉得脸色苍白。有次我看她病恹恹的样子就气不打一处来，说了句"那玩意就是泻药，别再吃了"就把她的药全丢了。

那天她给了我一耳光。这是二十多年来她第一次打我。从小到大她爱护我像爱护自己，谁要是让我受委屈了，她会跟人拼命，包括我爸妈都别想在她在家的时候教训我。但为了一盒药，或者因为我戳穿了她某种隐秘的梦想，她给了我一耳光。

现在的她依然很胖，虽然已不再像一开始那样介意，但目前仍没有完全接受这个现实。她想健身、跳绳、跑步，但因为工作和生活，每次都坚持不了多久。她恨自己的胖，也恨自己的不能坚持。有时走在街上，她看人家的瘦，人家看她的胸。

当时我就感叹："人啊。"

许多时候我会觉得自己很幸运，虽然不曾靠外在赢得额外的东西，但也至少没有因为外在而失去什么，更没有因为外在而自卑过。

对于整容这件事，见多了那些因为外在而造成心理失衡的例子后，对于非病态的整容行为，我总是持支持态度。

皮肤好的人很难理解为什么有人会因为脸上的痘痘而不敢照镜子、不敢去灯火通明的地方、照了镜子后会突然难受是怎样一种体验。

身高在平均水平以上的人也很难理解为什么有的身高不如人意的人会把人生所有失意归结到身高上。

怎么吃都不胖的人自然很难理解那些喝水都胖的人长期无法全身心品味美食的痛苦。

倒也不是说每个外在不如意的人都必然自卑，而是说在人生的某一个阶段，无论事业还是爱情，当那些对自己外在不满意的人在遭遇挫折时，他们总是会不自觉地在心底替自己委屈。

这种委屈一旦开头，便无法结束，看再多书，喝再多心灵鸡汤，听再多开导都没用。他们要么此生都把委屈隐藏起来，假装乐观，要么就准备金钱和时间，为自己未来的改变打好基础。

人是复杂的动物，但人有时也特别简单，就是想美好地出现在所有人面前。

就拿我那个身高不够的朋友来说，他为人讲究，家里条件也不算太差，但每次相亲，人家姑娘都是直接说，什么都好，就是身高差了点。

有次他喝了点酒就对我说："假如给我机会，减一年寿命可以长高一厘米，我会毫不犹豫去兑换。"

我相信每个人身边都有类似的人，只是我们通常会想当然地觉得他是乐观、开朗的，却没有看到他面对镜子、面对护肤品广告、面对比基尼时眼神中闪过的暗淡。

很多时候我们会说，人应该为自己活，不用在意他人的眼光。这句话没错，但谁不想让自己美好一点，负担少一点？

人生来脆弱，每个人都有自卑的权利，所以自卑这事一点错都没有，因为自卑而做出改变这件事更没有错。毕竟这世界的现实就是有时连父母都会偏爱相对好看的孩子。

我们常把被人歧视当苦难，然后又把苦难当成所谓的人生的财富。可财富只有是自己追求后得到的，它才有价值。老天硬塞来的、旁人通过冷漠的目光传递过来的所谓财富，作为一个人，有权拒绝。

而且说到根上，我们都有缺陷，只是有的人明显，有的人不明显，那些不择手段去弥补这些缺陷的人都是勇敢而幸运的人，至少他们有机会、有勇气去弥补。表面上他们在意的是他人的眼光，但其实他们真正在意的是自己内心的不甘和委屈。

没人可以用自己的处世方式去评判任何人，每个人的自卑和对自我的拯救都值得理解。注意，我说的是理解，而非同情。因为同情的本质带有一种居高临下的心态，而理解就是体谅每一个人对美好的向往。至于实现美好的方式，只要不伤害他人，他人便无可指摘。

如今去做整容手术、抽脂手术、隆胸手术、增高手术的人越来越多。与此同时，也有很多人对这种将自己变得更美好的方式嗤之以鼻。他们会对做整容手术的人强调健康的重要性，强调内在美的重要性，强调自然的重要性，但他们都忽视了哪样东西对于一个人而言最重要。除了那个人本身，谁也没有评判的权利。

王小波说："一个人只拥有此生此世是不够的，他还应该拥有诗意的世界。"

这话是对的。

但与此同时，我们也应该意识到，谁也不能用自己的诗意世界去批判别人的此生此世。

毕竟，那是别人的此生此世。

阅读这件小事

如果说我对于过去有什么遗憾，那毫无疑问是读书太少。这里的读书少不是指学历太低，而是从小到大，由于环境和家庭条件的限制，我能接触到的书太少。

我们镇上至今没有书店，市里现在有很多家，但过去只有一家新华书店——说是书店，其实店里卖的学习用品远比书要多。

读小学时，妈妈带我去过一次，但那次去不是为了买书，而是为了帮我买一个不锈钢材质的文具盒。之前那些塑料文具盒在我手里，基本活不过两个礼拜。

那天妈妈买了一个文具盒后，出于礼貌，问我要不要买书。我出于礼貌，自然回答她要买。我挑了本《十万个为什么》，还买了一本带插图的科普书，主要讲太阳系里的那些事。

《十万个为什么》并没有解释我为什么要看它，所以一买回来，我就把它丢在了柜子里。倒是那本讲太阳系的书，我看得津津有味。通过书里那些画得像玻璃球一样大小的星球，我第一次知道九大行星长什么样子，第一次知道太阳和木星的巨大，第一次知道原来反射太阳光的月亮只是看起来大，夜晚在它身边一闪一闪的小星星其实远比它大得多。

记得在我看到哈雷彗星那一章时，妈妈过来瞟一眼说，哟，这不是扫把星吗？

才看了半本课外书的我扭头，恨铁不成钢地说，有没有文化啊？这是哈雷彗星，不是扫把星。

一秒后，妈妈拿起扫把作势揍我时，我第一次意识到，不能跟没文化的人讲道理，因为他们一旦讲不过，就会动手。

那本书让我对天文学产生了极大的兴趣，早在其他同学学张衡那篇课文以前，我就会在夏季的夜晚仰望苍穹，让爸爸数星星给我听了。

爸爸起初很感动，觉得自己居然生出了一个天文学家，光宗耀祖的事看来有戏，但数了两次后，他就不耐烦了，说自己脖子痛，让我自己数。

正当我觉得太阳系已经满足不了我，准备搞本讲银河系的书来研究时，知道我已经会认几个字的外公，立刻把我叫到他身边，每天逼我念百家姓和三字经，这直接导致孟母成了我这辈子第一个讨厌的妇女。

我简直不明白为什么她总是要搬家，我更不明白，为什么外公可以对着三个字扯上三四天。

尽管外公用古文对我进行惨无人道的摧残，但我的天文梦还没死透。

有次我趁外公讲累后午睡去了，偷偷拆了他的老花镜和一个手电筒上的玻璃准备造望远镜。

那天下午被外公揍屁股时，我深刻体会到什么是人之初，性本善——你看小孩子就不会老是想着揍人，就老人和中年人总是一言不合就动手。

进入初中后，我看的课外书多了起来，但那时已经错过了几乎所有启蒙的我，再看课外书就不单纯是为了学知识了。初中三年，我也不知道自己和同学们从哪里搞来那么多带图片的"淫秽"书刊，看一本扔一本，从不间断。

"淫秽"书刊看到一定的量，就会有一种自己已经成年的幻觉。有次跟爸妈坐在一起看电视，电视里愣头愣脑的女主角被男主角亲了一口后，傻兮兮地问："我会怀孕吗？"

当时我就气不打一处来，猛地站起来指着电视说，这女的真傻，亲一口怎么可能会怀孕呢？

话音刚落，我就觉得气氛有点不对，爸妈看向我的目光有些怪异。爸爸堆起一脸快要抱孙子的笑问，哟，那你说说怎么才会怀孕。

当时我沉默不语，心里却觉得爸爸问的这句话非常不讲道理，按理说，"怎么才会怀孕"这个问题应该是我问他，他给出一个答案才对。但他发现我自学成才后，不仅不夸我，还以一种审问的方式问我是从哪里学的。简直不可理喻。

进入高中后，离市里的书店近了，加上学校门口就有一些卖二手书的小摊贩，能接触到的课外书突然就多了起来。

当时男同学都在看网络小说，女同学都在看言情小说。起初我也租网络小说看，但看来看去觉得那书太无趣，除了偶尔爽一下之外，并没有值得回味的东西，而且一个从未输过的人，他是不会去意淫的，于是我就又开始回头去翻外公过去讲的"经典"。

我就是在那一年看完四大名著的，鲁迅全集也是。那些书都是盗版，错漏字每页都有，但它们刚好是在我最容易轻浮的年纪，用一种连我自己都没想到的方式，保护了我对于文字以及其他很多东西的审美。

细数下来，我的求学生涯，除了老师要求读的课外书外，我自己主动去完成的阅读就只有上述那些，少得可怜。

并非我懒，不爱阅读。事实上，放眼望去，在当时的环境和条件下，除了一些老师的孩子可以跟着自己的父母看一些书外，包括我在内的其他农村孩子，根本没有办法接触书，也谈不上有多么旺盛的阅读欲。

一直到离开学校进入社会，有了空闲的时间和相对足够的收入后，我才开始恶补那些早该阅读的书。国内外作家的经典作品，我就是在那两三年里啃完的。所以，从某种意义上说，我是离开学校后，才开始真正潜心阅读的。

如今我每年依然会在工作之余保持二三十本书的阅读量，与大多数人相比，这种阅读量根本不值一提，但这也已经是我如今在生存之外对被过去亏欠的自己所能做出的最大补偿了。

最好的阅读时间我已经错过，在好奇心和探索心最强的年纪，我没有办法去接触更多的书，如今我保持阅读的习惯，与其说是寻求知识，倒不如说是一种简单的爱好。

跟很多人不同，如今的我并不太愿意去拔高阅读的意义，也不愿去神话阅读这回事。在我眼里，阅读本身就跟打游戏、打台球、发呆一样，是一种简简单单的爱好。

与其他国家相比，国人的平均阅读量不大，于是很多人为了改变现状就开始拔高阅读的意义。但在我看来，除了工具书以外，阅读本身固然美好，但也得是确实喜欢才会美好，而不是用一种毋庸置疑的方式去捆绑一个人过来阅读。

我后悔自己读的书太少，但如今开始补偿之后，我突然意识到，一个人的阅读能力，也要通过训练才能拥有，从选书到静下心来读，到读完后进行提炼。

有的人由于天赋和家庭条件，打小就比别人会阅读。而对于那些看过就忘，面对着书坐一个小时就会百爪挠心、恨不能拔剑自刎的人而言，阅读无疑是一种酷刑。但这无须自责也无须羞愧，就是不爱阅读而已。

之前看到有人说不阅读的人生就是一片荒漠，我觉得这种说法挺搞笑。我只觉得没有一种爱好的人的人生是一片荒漠。一个人，只要有爱好，那不管是爱吃还是爱睡，他的人生都不会是一片荒漠。

我还认为，人的任何行为都需要有一个原动力推动，阅读同样如此。有人爱阅读，因为他喜欢那种休闲方式，喜欢那种与书的作者对话的体验，所以他自然而然就会拿起一本书。

但当一个人没有找到一个去阅读的理由时，不管他人如何推崇，看不下去就是看不下去。对于这样的人，真的无须苛责。就像我个人，坚持阅读的原因无非觉得那些好书就放在那里，不读简直对不起自己，于是就拿起来读了。我的目的并没特别高尚，至于读完后的收获，那全是意外惊喜，我不会去刻意琢磨，更不会拿出来炫耀。

读的书越多，我越发觉得阅读是一件不必追求意义的事。毕竟不爱，就无所谓意义。爱了，更无所谓意义。

无论是个人还是一个国家，想培养阅读的习惯，刻意解读阅读这个行为没有任何用处。就像农村很多大字不识的老人，你跟他讲阅读的好，他只会微笑着看着你，点点头，但不会真的就去做。而一旦他们迷上了非法六合彩，就会去买眼镜、翻字典、查典故，对阅读无师自通。

我庆幸自己有一个阅读的习惯，虽然小时候读书太少是一种遗憾，但我从来不会用自己的习惯去衡量他人，更不会因为自己有一个阅读的爱好，就觉得这个爱好要比其他爱好高尚。

而且说到底，若真看书看出了优越感，那书也算是白看了。

所谓情商

在这个独生子女成为社会主流的时代，过去以亲属关系为纽带的社会运行方式正逐渐被替代，陌生人之间的交往变得前所未有地重要，也因此，情商被拔高到一个令人匪夷所思的高度。

如今人与人之间的交流，说什么倒不重要，怎么说反而更重要。当今社会，无论情感还是物质，一个人能收获多少，在智商一定的前提下，情商高低几乎起到了决定性的作用。

但与其他人觉得情商就是一种能让他人在与自己相处时觉得舒服的能力不同，我个人觉得情商大致可以分为三个方面。

一是预判能力。

在面对一件事或者一个人的时候，情商高的人可以提前预知事情的大致走向或判断某一个人接下来会采取哪种行动。只要有选择，他绝不会让自己陷入那种难以自处的困境。

举例来说，情商高的人走进街边一家商店，从老板的态度和商店的规模就可以大致猜出这家店到底能不能议价，所以不会陷入那种"为什么你一分钱都不肯少"的窘境中。

而在面对一个口无遮拦的人时，情商高的人在被他出言伤害之前，便会自动回避或者把话题引开，尽全力不让对方把那句自己并不想听到的话说出口。

情商更高的人，甚至会在对一个人得出"不和平"的判断后，主动对其释放出一种生人勿近的气势，将所有的麻烦消灭于无形。

二是当一件事已经发生或者一个人已经出现在自己生活中时，情商高的人总能迅速判断出这件事与自己到底有多大的关系，这个人对自己而言到底有多重要，然后承担该承担的责任，梳理该梳理的关系，做出最合适的选择。

情商高的人绝非像传说中那样追求面面俱到，对身边发生的一切都保持充足的耐心——事实上，也没人可以面面俱到。追求面面俱到的人，最后可能空有一身疲劳。对每个人都尽心尽力的人，最后可能会沦为一个被人予取予夺的人。

那些看起来面面俱到的人只是聪明地忽视了那些对自己而言不重要的面，全心维护了对自己而言最重要的面而已。

毕竟对于可有可无的东西，情商高的人总会尽全力削弱自己对它们倾注的心血。他们深刻地知道，对的人和事，融入其中，能看见一个更大的世界。不必要的人和事，卷入其中，就可能会看见一个巨大的泥潭。

三是情商高的人总能比他人先一步得到自己想要的东西或者结果。

这也是很多人对高情商的误解之处。在我眼里，高情商绝不是传说中的温润如玉、见人说人话见鬼说鬼话这般简单，而是看一个人得到的是不是他真正想要的，看一个人在日常生活里，是不是活得特别自然、不做作。最重要的是，看他是不是总能在众人都没反应过来的情况下，把自己想要的都获得了。

我从小到大常被人夸聪明，但其实我很不喜欢这个评价。

一是因为旁人眼中的聪明跟我自己想要的聪明是不一样的。

二是一旦周围的人都觉得你聪明的时候，那也就意味着，你以后说的每句话，他们都会解读出不同的目的，你以后做的每件事，他们都会心生防备。

这让我承受了很多不必要的误解和无谓的麻烦。而我通过自己的"聪明"，除了得到一个聪明的评价外，从未享受过任何真实的优待，这就让聪明显得有点傻了。

同理，一个没有朋友的人，在我眼里并不一定情商低。假如他本来就喜欢一个人的状态，并常能做到在不被人误解的情况下拒绝一些没必要的应酬和邀约，那这个人，就是情商高。

一个对我恶言恶语的人，在我眼里也不一定情商低。假如他想要的就是激怒我，让我不舒服，让我想方设法去回击他，并且他最终达到了目的，那他就是情商高。

我们每到一个地方、进入一个团体，总会遇到那些看起来就不好靠近或者说话不近人情、让周围的人觉得无法招架的人。

面对这样的人，我们总会本能地觉得他情商太低，但有时想想，这些所谓"情商低"的人，在他所生活的区域，通过他自己的方式获得的东西，似乎总比我们这帮战战兢兢的人获得的东西要多得多。

不管是有意还是无意，这些被旁人看起来情商低的人确实总能以一种没人察觉到的最佳姿势，在人海里自在得像条鱼。

没人会夸他们情商高，倒是他们常会夸别人情商高。但一个比较讽刺的事实是，被夸情商高的人，其情商通常不如那个出言夸奖的人。

或者换句话说，那些被人夸情商高的人除了得到一个很好的评价，大多数时候，他所付出和牺牲的其实并没有获得一个与之相配的结果。

我个人对所谓的高情商没有特别的追求：一是因为我对"人脉"这种东西目前没有太大的欲望；二是因为在社会上打滚这么多年后，我深刻体会到，情商这东西，是只能顿悟而不能习得的。

让我谈情商，我可以谈，但具体到生活中，我还真不知道如何获得高情商。就像教人提高情商的书和文章那么多，从某种意义上说，书的作者和写文章的人都获得了他们想要的成功，但那成功并不能转嫁到书和文章的读者身上。

每个人的追求都是不同的，在漫长的人生之路，也压根儿没有一个通用的姿势可以保证走得顺畅——就算有，那姿势也得靠你自己一路跌跌撞撞去调整。

我见过很多因为觉得自己情商太低而彻夜难寐，怀疑自己人生的人。我觉得这种焦虑完全没有必要，先不说焦虑无助于提高情商，就用如今很多人无比重视的人脉来讲，能构建人脉的，除了情商，实力和资源也很重要。

盲目去追求所谓的高情商，到了最后，除了会丢失原本的个人性格，还会无意识地染上那种觉得身边人都情商低、都是笨蛋的病。

而得了这病，就会有很大概率沉迷于"损人"和"毒鸡汤"所带来的快感中，忘记去提高自身的实力和检视自己目前真正拥有的资源。

更何况，大多数时候，所谓的情商跟容貌、智力、努力、背景等很多东西一样，未拥有时，你觉得自己的人生就只缺了这一样，不然就是完美的。但等你某天真的拥有了，你才会知道，你之前所有的不完美并不在于你缺了哪一样，而在于你压根儿就没有把自己本来就有的东西用在该用的地方。

一个人要发现自己拥有什么、缺少什么其实并不难，难的是学会忽视那些暂时不能通过努力得来的东西，埋头把自己目前拥有的一切用在该用的地方。

最重要的是，在追求高情商的路上，一定要想清楚，你所追求的，到底是于己有利的高情商，还是只是在追求从他人口中得到一个较好的评价。

这两者之间的区别，情商再低的人，想必也能看明白。

成功到底为了什么

很多年前刚出来工作的时候，尽管一无所有，但我常会做一个衣锦还乡的梦。

那时每天拧完几百个一分钱一个的螺丝后，我躺在乱糟糟的工厂宿舍里，常会畅想自己闯出一番事业，赚到一笔大钱，用漂亮的跑车载一个漂亮的姑娘回家见父母，让那些压根儿跟我没什么关系的人对我投来艳羡和钦佩的目光。

那几年无论做什么，我都觉得自己是在拼搏、上进，但我的性格在不知不觉中变得暴戾，为人处世透着令人难堪的傲慢，什么都不会，但什么都看不起。被别人看不起时，我又想，总有一天，总有一天我会让这所有的俯视都变成仰视。

如此浪荡了几年后，现实一天天残酷，落在身上的冷眼越来越多，畅想中衣锦还乡的场景已经成了不中大乐透就无法实现的幻梦。

那时我刚二十岁，按理说并不大，若还在学校，这显然是一个可以直接打电话问父母要钱的年纪。但想想自己出来闯荡了五年，一千多个日日夜夜了，却依然两手空空，没有做成任何一件可以称之为成就的事，每年出来时什么样，回去时还是什么样。而在可预见的未来，我也看不到现状有任何要起变化的迹象。

我莫名恐慌起来。

人一恐慌，就会想方设法做一些事来证明自己的能力和存在。而当一个人开始想方设法去证明自己的存在时，那折腾出来的事，肯定不会太好看。几乎把生活全搞砸了以后，我意识到自己的心态出现了某种偏差。

我开始想，为什么我会如此期望他人艳羡的目光，为什么会如此怯于向他人真心表露自己的艳羡？

我所期望的衣锦还乡，到底是想让操劳半生的父母过上好日子，以一己之力庇佑家族里的孩子和老人，还是仅仅要站得足够高，让曾出现在我生活中的那些人仰视我、惧怕我、纵使恨我也要在表面上装出尊重我的样子？

假如成功是为了让别人向自己投来的目光发生改变，那这成功，到底是我的，还是别人的？

毫不讳言，我自己讨厌那些有了点成就就不说人话、不办人事、连路都不好好走了的人。可假如有一天，我混出了点名堂，手中握有社会资源，以我当时的心境，我首先会做的肯定也是不说人话、不办人事，拼命去折腾，去把自己的力量展示给每一个人看。

读高中时，身边很多男同学都在看网络小说，我看过一本，然后就觉得没什么劲，毕竟那时的我是不需要意淫的，那时我触目所及，方圆十里，压根儿就没有能让我生出比较之心的人。

但走向社会，剥落了那些因年幼无知而导致的自以为是和对于成人社会而言根本毫无价值的所谓荣耀后，我突然无比渴望成功。尽管那时成功的吸引力于我而言，跟那些我曾看不起的网络小说一样，就是想感受那种天上地下唯我独尊的感觉，就是想让别人求我、畏惧我、对我战战兢兢。

更搞笑的是，我当时把这种要让他人惧怕自己的心态当成热血，把那些轻视自己的人当成恶龙，从不考虑意义，也不考虑父母，更不考虑真正的幸福，就是想在有生之年，让身边每一个人都仰视自己。

我相信每个二十岁左右的哥们儿几乎都做过一个站在落地窗前，俯视烟火人间的梦。但我同样相信，几乎没有一个二十岁的哥们儿想过：透过落地窗看烟火人间这件事之所以迷人，到底是因为它本身迷人，还是因为那个俯视尘世的动作迷人？

很小的时候，捡到没灭的烟头我就会去烫蚂蚁，拿到一把刀就想去砍树，摸到一把锄头就想去挖坑、除草，但当我什么都没拿的时候，我对蚂蚁和树以及大地都不感兴趣。

长大后当然不会再去做这些幼稚的事情，但心底的残忍和一旦有了机会便会给人带去伤害的本能，我知道，它们一直都在。

而我一直以来渴望的成功，或者说，绝大多数人渴望的成功，其本质不过是在追求一个烟头、一把刀、一把锄头。我们痛恨自己变成那只被烫的蚂蚁，但一旦有了机会，我们一点也不介意拿起烟头，去烫别人。

倒不是要反对成功、反对励志，只是在经历了一段迷茫和堕落的时间之后，我意识到自己过去追求的并不是成功本身，倒更像是追求某种可以肆意处置他人的能力。尤其是因种种情况而被他人肆意处置过之后，对这种能力的迷恋，越发纯粹而直接。

我不想讨论这种能力的善恶，尽管当今社会之所以紧绷如弦，跟很多人有这种心态有莫大的关系。我只是觉得，当一个人出发时就跟自己的目标出现本质上的偏差时，那走出来的路，一定不会如当初设想的一样。

而在这条新的道路上，会有更多的不择手段，会有更多两旁站满诱惑的岔道。多少人，不是毁灭于那些岔道，就是毁灭于一种绝望，一种最终发现纵使自己不择手段了，却依然看不见终点的绝望。

有一段时间，网上出现了一句话，说，慢一点，等灵魂追上来。这句话怎么看怎么矫情，但仔细想想，很多人的奔跑和奋斗，确实是与当初出发时的那个自己渐行渐远。

说找回初心可能不太实际，但我很庆幸自己在一个还算年轻的年纪就调整了过来。尽管调整过来后我依然没有成功，但在那以后，由于我不再想去当那个手持烟头的人，这个社会上与我无关的人、那些确实存在或者我假想出来的轻视目光，就再也无法给我带来灼痛的感觉了。

人为什么活着

作为一个在无聊时什么都会想的人，对于人为什么活着这个问题，毫无疑问，我曾用心思考过。尤其是在想过并从心底承认人终会死这个事实之后，我更是迫切地想搞清楚人活着的意义。

忘记了是哪天，反正是一个失眠的夜晚，我躺在床上，用尽听来的每一种自我催眠的方式后，依然无法入睡。那时是冬天，天气寒冷，买的棉被有些薄，但我不仅不冷，还因迟迟无法入睡的焦虑，额头和大腿内侧渗出了汗水。我在床上挣扎着，过一会儿摸起手机看一眼，过一会儿又看一眼，我希望闹钟快响，天空快亮，但我又害怕闹钟太快响起，天空太快亮起。

我熬到了凌晨，尽管那时是闭着眼睛，但我依然能感觉到时间以既定的频率从黑暗中流淌而过。某个瞬间，我感觉自己像快要融化了一样一点一点地往下沉，最后滑进一片混沌如深海的空间里，与黑暗融为一体。我连忙睁眼，摸过手机又看了一眼。屏幕的光把我从那片黑暗的空间中拉了回来。屏幕上那个离上班越来越近的时间，让我莫名恐慌。

恐慌后，我开始想这样日复一日，月复一月，年复一年，用大量的时间重复同样的事情，换来微薄的薪水，又用这微薄的薪水去换吃的、换穿的、换一个遮风避雨的房间、换一张用来失眠的床，然后躺在床上想第二天起床的意义，如此循环往复，直到某天气绝身亡……

这样活着，有什么意义？

这个念头刚刚产生时，我内心万般抗拒，因为我知道这事不是躺着思考就能明白的，但当时被焦虑和恐慌覆盖的我，根本没有选择的权利——即使不被焦虑和黑暗覆盖，在那样一个难以入睡的夜晚，除了去想活着的意义，想别的好像也不太合适。

我确信我爱我的父母，也爱这世间的姑娘，但这一切并不能让我在循环往复的枯燥生活里找到一个暂时抽身的理由，更不能消解掉永远在尽头等着的死亡所带来的压迫感。我想自己在这个世上也算活了些年头，虽然没干出什么大事，但总算留下了一点印记，如果此时死去，这个世界估计也会产生一点点的变化。

但我又想，如果我压根儿没来过，1992 年的那个寻常黄昏，诞生的若不是我，那我的家人、朋友、房东、老板……所有出现在我生命中的人，并不会因为我的没来而产生丝毫遗憾。也就是说，在我到来之前，这世界并没有对我保证什么，我跟其他所有生命一样，并非非来不可。

这个事实令人沮丧，但对于那时早已不觉得自己是天之骄子的我而言，这个事实倒并没有那么难以接受。

我觉得自己算是摸到了一点头绪，转念又想，既然这世间每一个生命都不是被选定的，都不是有一个必然的理由要来，那为什么还要来呢？

如果所有的国家、城市、文明、科技、道德、法律、宗教……这一切终会消失——宇宙这张摆满肉丸子的桌子，早晚有一天会掀掉——那这一切为什么还要出现呢？

想着想着，我兴奋了起来，正准备把所有思绪拧成一个钻头，往那幽深处一圈圈旋进去，膀胱用一种比死亡还不容置疑的方式提醒我该起床上厕所了。

我掀开被子起床，被冷空气刺激得缩手缩脚，在自己家像个小偷似的溜进了浴室，然后扯下内裤，撒了泡漫长到站得腿酸的尿。

冲了厕所后我走近挂在墙上的镜子，想看看失眠有没有让我的眼睛浮现血丝。看着看着，在那样一个寂静的凌晨，我开始凝视自己，像凝视一只柔软的动物一样安静，充满感情。

从未染过的头发是黑的，额头很宽、很大，五官还算端正，脖子不长不短，四肢算是匀称，单薄的胸口上长了两个除了让姑娘玩就不知道还有什么功能的小红点，没有肚腩，内裤鼓起来的部分是我爸始终没有对我痛下杀手的原因……

抛去体内不可见的部分，镜子里肉眼可见的这些，就是我，就是在时间的侵蚀下，必然会体无完肤，最后归于尘土的我，像每一个从诞生起就随身携带着死亡而生活着的生命一样。

之前已经想通了，我之所以存在，并非被选定，并非从来这世界的那一刻就被赋予了意义。那就暂且把"来"这件事当成是完全随机的，一次瞎猫碰见死耗子的偶然，像不去思考死后的事一样不去思考活着之前的事。

既然来去都无法思考，那所谓的活着的意义，恐怕就在于来去之间，就在于从降生到归于尘土前的这段时间里，镜子里这具包裹了灵魂的肉体所经历的吃喝拉撒睡、生老病死悲、爱恨情仇怨等一切。

但经历并不代表意义，经历是一系列的事件和情感，而意义显然是对于这些事件和情感的高度总结。

我回到床上继续想，假如没有找到所谓的意义，那所谓的经历是不是全然没有必要，如果没有必要，那我又是否可以提前终止这种徒劳？终止这种徒劳的方式很简单，只要心够狠，够绝望，不想继续玩下去的欲望大于继续玩下去的欲望，那只消一分钟就可以干净利落地解决自己，进而解决一切问题。

在不知道意义的情况下，继续经历下去确实很困难，因为当一切成为徒劳以后，不管如何鼓励自己，如何安慰自己，只要想想"死是一件以不变应万变的事"这个真相，刚翻涌起来的热血便会瞬间冻结成冰。

这让黑暗中的我感到矛盾，因为此刻我显然还不够绝望，还想继续玩下去，可在寻找到意义之前，在对这个谈不上多么美好的世界还有所留恋之前，我不知该以一种怎样的方式坦然存在下去。

刚才镜子里的自己很真实，但那是没有意义的，而追求意义的灵魂又太过虚无，见过的人都说自己见过，没见过的人都说自己没见过。想着想着，我觉得睡意来袭，摸出手机看了一眼，离上班还有一小时左右。

但我不打算睡了，一是因为思考的问题已经到了关键时刻，二是因为我知道自己此刻若睡去，一小时后，铁定起不来。起不来就意味着会被主管骂，会被扣工资。思考活着的意义这事听起来很高尚，并且理所当然，但这显然不能成为我不去上班的理由。毕竟我的思考于主管而言，根本没有意义，他只需要我在既定的时间站在既定的岗位上，待我站了足够的时长后，他就给我钱，然后我就拿着这钱去生活。

想到了生活，我又陷入深深的无力中，原本往幽深处钻去的思绪一瞬间又回到了眼前。那个夜晚的我并不爱我的生活，尽管生活就像刚才提醒我去撒尿的膀胱一样真实，一样无可抗拒，但我就是不爱。可尽管不爱，我却无法离开，更无法将生活摧毁。我什么都做不了，只是躺着去想活着的意义，借此去逃避，去为自己的无力找一个冠冕堂皇的借口，然后继续无力下去。说到底，此时此刻躺在床上的我，充其量只能算是没死，远够不上谈所谓的活着的意义。

想到这里，我突然悲伤起来，我觉得人的一生真是太漫长了，漫长到不找到一个借口，便无法心平气和地走下去。我觉得自己所有的未来和追求，在这样一个焦虑的夜晚，都无法给我带来任何安慰。毕竟未来是跟灵魂一样虚无的东西，信则有，不信则无。

我还觉得，在不朽的时间面前，这世间没有什么可以不朽，所有必然，到了最后，都是偶然。所有拥有的和失去的，在勤勉的、不知道为什么要这么勤勉的时间面前，终是须臾。

这真是让人无奈，可对于这种无奈，我之前的生命没有办法，我之后的生命也没有办法，此刻的我更没有办法。当思绪回到眼前，在我用尽所有的认知都无法向所谓的意义靠近一步后，过去几个小时被我忽略的一切便开始变得真实起来。

盖在身上的被子、身下的床、渐渐醒转的城市、刚才在镜子里看到的自己，以及我用自己拥有的时间和力气，循环往复、夜以继日地去换一点微薄的薪水的生活，都跟即将亮起来的天空一起，变得格外真实，真实到让我想嘲笑刚才思考的自己。

我意识到自己所拥有的和失去的，以及自己所有的恐慌和希望。这真实的一切从某种意义上讲，根本谈不上好或坏、该或不该。活着之前的事无法思考，活着之后的事也无法思考，而中间的过程，说到底，也不过就是用这偶然到近乎奇迹的生命，去跟诅咒般总会应验的死亡谈一谈谁的存在更值得相信。

那天直到天亮，我都没有想清楚人活着的意义，但我也没有因为搞不清楚活着的意义而去死。我只是起床、洗漱，然后出门，买了一份早餐，跟过去所有的日子一样。

在昏昏沉沉赶去上班的路上，我看着天边无欲无求肆意泼洒的绚丽朝阳，突然想起在一场大雨里自己曾遇到的一个流浪汉。

那天我跟他同时被一场大雨逼进一座桥梁下。我站在那里抽烟看雨，流浪汉就地铺了床被子，躺下去，瞪着眼睛看厚实的桥底。他的表情有些怪异，我忍不住扭头看了他几次。

他的眼睛始终没有移动分毫，一直愣愣地盯着桥底。有那么一会儿，我甚至怀疑他是不是已经死了。我抑制不住心中的好奇，走过去问："你看着这桥干吗？"

他听到声音后把目光移到我的身上，意识到我在跟他说话后，连忙从地上爬起来，不解地看着我。迎着他的目光，我觉得自己有点多管闲事，就冲他笑了笑，把想说的话咽了下去。

我刚转头，他突然起身走到我身边，探头看了看雨，然后挥舞着右手，指了指外面的大雨，又指了指桥梁说："这场大雨啊，要是没有这座桥，躲都没地方躲。"

当时我并没有过多地去想流浪汉说的这句话。但在那个朝阳漫天的清晨，我走在阳光下，看着橙亮的城市，总觉得这句话包含了某种奇妙的隐喻。

我不知道他有没有思考过活着的意义，但从他的那句话来看，他似乎比我更明白活着的真谛。他会因为一场大雨而歌颂一座桥梁，我却因为找不到所谓的意义而不敢去对生命予以回应。

对于一个人而言，自然而然会以自己的全部认知去思考活着的意义，这无可厚非。但对于活着本身而言，它的存在，其实跟所谓的意义是无关的。它是一种偶然、一种有限的体验，它的慷慨允许你尽情挥霍，它的包容允许你自行去定义。我不再妄想这一趟只是好，也不再假想这一趟会有多糟，甚至不再去思考到了最后，自己这一趟来值了还是玩砸了。

　　假如人之一生真存在所谓的意义和真理，那在所有可能的选择中，唯有尽自己所能，不断在谈不上多有趣的生活里对出现在自己生命里的一切予以回应，才有可能接近它们。

　　至于回应的方式，微笑、拳头、眼泪、亲吻……怎么都行，始终保持一个随时回应的姿态就好。

如何做一个内心强大的人

我不知道自己是不是一个内心强大的人，因为生活中大多数时候，由于天性敏感，我很容易陷入一种负面的情绪中不能自拔。但与过去自怜和他人给出的反馈不符合自己的期待而导致的负面情绪不同，如今我所有的负面情绪都来自于自我评价的不稳定。

在追求内心强大的一路上，我试过自我安慰、精神胜利法，还试过始终对自己保持最高等级的自信，但后来，见过了所谓的世面和经历过一些或好或坏的人后，我突然发现，所谓的内心强大其实只跟两样东西有关：

一种是自我评价——你觉得自己是一个怎样的人或者应该成为一个怎样的人。

一种是外界评价——旁人从你的所作所为判断你是怎样一个人或者要

求你成为一个怎样一个人。

我们可以说自己内心强大，也可以说自己内心不强大，但很多时候，我们的自我评价通常会跟外界评价产生冲突，而绝大多数人的困惑和焦虑就来源于此。

比如你觉得自己真诚善良，但偏偏会被人误解，于是你不可避免地会产生挫败感。而这挫败感，就会使你开始重新评估自己对自己的评价和外界对自己的评价。

类似于"不要在意他人的眼光"这种话，我们每个人都听过，但这种心态并非解决一切问题的方法，而且，这种心态也并非朝夕间便可拥有的。想一夜之间完全不在意外界评价，几乎不可能。

但幸运的是，自我评价和外界评价之间的冲突一般都不会太长久。当你有了一定的阅历、对生活有了一定的追求后，外界评价和自我评价一定会有一个占上风。

而内心强大的人，无一例外，都是自我评价占领上风的人。需要说明的是，我所讲的内心强大并不仅仅是百毒不侵或者刀枪不入这两种，也有可能是至情至性、玩世不恭。

举例来说，一个不是因社交无能而孤独的人，若他可以不理会他人对于他生活状态的质疑，坚持自我，那毫无疑问是内心强大；如果一个人本来就立志要做一个交际花，那他呼朋引伴、花天酒地，全然不将他人的劝告放在眼里，也同样是内心强大。

就像我曾说的，"人生真正意义上的选择其实只有一个，那就是在世界和自己之间，选谁做朋友。之后所有选择，都只是在为这个选择提供必要性和正确性"。

难就难在，许多时候，我们其实没勇气去做那样一个选择。因为在我们开始对自己有明确的评价前，我们所有的行为准则和思考方式都是外界灌输给我们的。等到我们开始意识到自己无法完全按照外界要求过完此生时，面对外界评价和自我评价产生的冲突，我们自然而然会因不知该接受哪一种而挣扎。

比如说，你希望跟一个人做朋友，但那个人对朋友的要求与真实的你完全不同。那你怎么选？

不管你怎么选，你都会忍受一段时间的痛苦，要么是因虚伪而痛苦，要么是因不能虚伪而错过一个朋友而痛苦。但不管经历哪种痛苦，都是值得的，都是为你认识自己提供一个机会，为你成为一个内心强大的人提供一点点经验值。

每个人都会有嫉妒、不安、沮丧、痛苦、无力等负面情绪，在生活稳定、身体健康的大前提下，我如今大部分负面情绪的来源，就在于自我评价还不够稳定，依然会偶尔随着外界评价而产生波动。但由于这种波动在一个相对可控的范围，因此暂时也没打算刻意去调整。

若再说深一点，偶尔有些负面情绪也可以加深一个人对于生活的体验。如果说正面情绪是人的成就感的来源，那负面情绪便可以在一定程度上使人更深刻地体会到，快乐和幸福等感受，到底多么弥足珍贵。

每当我因自我评价产生波动而被负面情绪笼罩时，我从不质疑自己，也从不羡慕那些看上去内心特别强大的人，而是会沉下心去，用心体验那些负面情绪到底是个什么滋味，那些由外界带来的挫败感到底是怎么一回事。

我不知道还要体验多久才能知道那些也不算什么，但我知道，假如不曾直面自己的脆弱，那所谓的内心强大就失去了一个最坚实的根基。

就拿那些无法独立生活、独立去做一件事的人来说，他们所有的脆弱不是因为不懂"独立"这种生活方式的乐趣和其必然性，而是他们根本就从来没用心体会过被人陪伴时的种种感觉。

他们只是希望有人陪在自己身边，但他们没有意识到陪他的那个人眼睛里偶尔闪过的厌倦，也没有意识到，他人之所以愿意陪他，到底是因为情感还是因为其他的什么。若真感受过，他们就会开始学着独立和试着忽视他人的反馈了。

追求内心强大毫无疑问是对的，但万万不可神化这种心态，更不可将它与固执和傲慢以及所谓的成功学联系起来。它就是一个在生活中将自我姿态调整到令自己和身边的人都觉得舒适的过程，就是在你用心体验过自己的脆弱和渴求外界反馈后，开始由内而外地挖掘自己的本质，然后给自己一个合理的评价，再照这个既定评价生活下去的过程。

它不能保证你幸福、快乐，也不能给你带去任何成就感，更不能让你的生活从此走向正确的道路。它唯一可以保证的是，让你在这个繁杂的世界里，开始试着削弱他人在自己生活中的重要性，开始试着压抑用种种手段妄图去他人的生活中建立重要性的欲望，让你生活得更轻松，更怡然自得。

朋友圈条数和心智成熟之间的关系

最近南方大幅降温，而我从小睡觉爱满床打滚，某晚不小心着凉，感冒了。这几天吃了很多药，挂了两天点滴，中途尝试写点东西，但实在头昏得厉害，无奈放弃。

在过去，这事我绝对要发空间或者朋友圈分享，流程通常如下：

第一天发满地纸巾的图，但绝不声明是擦鼻涕用的。到了晚上，当"强撸灰飞烟灭"的评论多了以后，再补一张吃药的图，但不说明是补肾药还是感冒药。这样可以让天性不善直抒胸臆的自己和自己的朋友们都躲在一个"调侃"的屏障后面讨安慰、给安慰。

第二天发挂点滴的图，如果露手那就修到看见青色的血管为止，但绝不说"感冒好难受"或者"自己顶不住了"这类话，只说刚才替自己扎针的护士多么漂亮或者多么温柔——尽管刚才扎针的护士明明是个满脸络腮胡、动作粗暴的爷们儿。

第三天晚上，不管感冒好没好，如果当时有喜欢的姑娘，那就可以矫情一下了。当然，作为一个文字控，我绝对不会说"感冒了，希望冬天的晚上有人给自己盖被子"这种话，而要把"感冒了"改成"病了"，把"盖被子"改成"掖被角"，再玩点文字游戏——病了，寒冷的冬夜，如果你在我身边——不是想让你给我掖被角，而是如果你在身边，睡梦中有个挂念的人，我就可以在不时转醒看你睡得乖不乖的时候，发现自己没盖被子了。

如此几步，一个深情的逗乐形象就成立了。

如果第三步走完，当时喜欢的姑娘能回复一句"好些了吗"，那这个病，就生得既神奇又金贵了。

但这是过去，这种"神金病"对于现在的我而言，再无法激起我去朋友圈或者在空间直播的欲望。

也不知从什么时候开始，人们开始用一个人更新朋友圈的条数和"晒生活"的频率来看一个人的心智成熟度了。

我个人对于所谓的心智成熟毫无概念，也对用此去评价一个人毫无兴趣，因为说到底，"心智成熟"是一个约定俗成的概念，要说标准，每个人都有自己的看法。对于这种非"是非"的概念以及显然是他人给出的评价，我从来就不在乎。

很多人说心智成熟的人因为心智成熟了所以不再需要用分享和晒生活的方式去获得成就感，并且还把这种人说得多可贵，这说到底，是以自己的看法去猜测他人的行为目的或者含义——这跟对着他人的一张自拍深思其背后的动机和欲望没有任何区别。

假如晒生活"给人看"是一种"心智不成熟"的表现，那不晒生活"给人看"，怎么又是心智成熟了呢？

我并不是说从晒不晒朋友圈去推导一个人的性格不合理，而是说，你看一个人心智是否成熟，只取决于你认为的正确的生活方式是怎样的，无关其他。有些人特别喜欢说谁谁幼稚，也特别喜欢说谁谁成熟，说到根上，不就是他人的活法跟自己不同导致的吗？谁也没跑到街上跟姑娘要奶喝，怎么就幼稚了呢？

人都有一种共性，那就是成熟后回望过去幼稚的自己，总会觉得很多事做得挺傻，但很多人的回望其实是假的，他们之所以对过去的自己做出幼稚这个评价，只是为了给自己评价其他人建一个立足点，并且说出类似于"现在的你，过去的我"这种话，说到底就是居高临下的断定，一种虚伪的同理心而已。

我是在 2016 年 3 月份才注册的微信，与身边人相比，落伍了好几年。注册微信后，我极少更新朋友圈，也极少为微信好友的朋友圈点赞或者评论。但这并不代表我心智成熟了，就像这次感冒我并没有像过去一样在社交平台直播，就只代表这病并不能激起此刻的我去寻求他人安慰或者借此树立某种个人形象的欲望。如果此番我得的不是感冒，而是一种绝症，那结果就不一样了。

说到底，就只是因为随着阅历的增加和见过的世面的扩大，生活中能刺激到我上蹿下跳去分享给人看的东西变得更罕见了而已。

过去一个感冒能让我自怜自艾，现在恐怕只有得绝症才会让我有晒给他人看的冲动了。当然，再过几年，说不定绝症也不能让我自怨自艾了。

曾经一块心形的阳光或者一颗形状奇特的苹果会让我觉得惊奇，现在除非阳光变成苹果味才可能让我惊呼出声。

曾经为了一个求而不得的姑娘我能一晚上写一万字给人看，现在我只说一句晚安，甚至连晚安也懒得说了，因为我真切地知道自己对于那个自己不在乎的人是什么态度，所以我会在她面前保护自己可怜的自尊心。

除了阅历导致分享阈值变高，还有一点是我现在已经没有时间和精力去肆意折腾自己的生活了。过去拎包就敢走，现在卡里没有足够的积蓄，远方再美，我也只能停在原地。以后有了事业和家庭甚至孩子则更是如此。而不折腾，新鲜事就少，新鲜事一少，就更没有晒的欲望。

当然，最重要的一点是，我变了的同时，我朋友圈里的人也变了。过去我写一首酸诗很多人叫好、骑一辆排量大的摩托车很多人说牛，现在我除非开一辆写满诗的布加迪威龙才可能刺激他们真诚点赞并真心大呼牛了。

在别人眼中，或许我变得更理智、更成熟了，但我自知，我只是难以再被刺激，生活也极少再有波澜。当然，上面的例子有一个不合理的地方，那就是，多少人在恋情稳定、事业稳定之后，一段时间不更新朋友圈和空间，一旦有了孩子，就又开始疯狂刷屏了。而对于这样的人，按照那个用朋友圈条数去判定心智是否成熟的标准，那他们就是一会儿心智成熟，一会儿心智不成熟，那他们到底是成熟还是不成熟呢？

再比如说，如果一个人更新的朋友圈，全是"从一个人朋友圈晒生活的频率可以看出他是否成熟"这种调调，那对于这种"矛盾"的行为，又该如何判定呢？

我其实能明白在这个每人都戴有面具的当下，一些人有着迫切想通过他人的某个细节看透他人是一个怎样的人的欲望。但随这种欲望而诞生的很多标准和要求，说到底，其实是一种懒惰。

毕竟心智成熟这件事，不管怎么说都离不开"对他人生活的理解"和"对自己生活的承担"这两条标准。但这两条，都无法短时间发现，更无法通过朋友圈条数这样简单粗暴的标准评判出来。

人生真正的凯旋

很小的时候跟人玩弹珠，我很菜，总输。输了之后就拿零花钱跟人买，大概半个月没吃过辣条。后来零花钱输光了，剩最后两粒，我就不敢上阵跟人打了，天天用这两粒在家练。

我练得很狠，仅仅三天，右手大拇指就因为一天发力过多肿了起来。但那种痛是值得的，一个月后，我就可以做到对两米外的目标百发百中。我揣着那两粒弹珠重新上阵，立刻大杀四方，半个月内将过去输的零花钱和弹珠全赢了回来。

村里的小伙伴发现打弹珠不是我的对手，于是集体决定不玩了，改用扑克炸金花，赌弹珠。那时还没玩过扑克，只懂分辨牌面大小的我很快又把弹珠全输了出去。

我又猫在家里开始练洗牌、切牌，练怎么跟人玩心理战，怎么从别人的眼神里看他是诈我还是真的牌面很大，并尝试搞清每个小伙伴的性格，谁喜欢稳，谁喜欢诈。

很快，我成了赌博老手，无论赌钱还是赌弹珠，总是输少赢多。半个月后，扑克也没人跟我玩了，因为没人喜欢输。

那时村里小伙伴们的弹珠几乎被我搜刮一空。起初没人跟我玩，我还不太在意，但后来时间稍长，每次我看着箱子里那几百粒晶莹剔透的弹珠都觉得心痒难耐，于是就每天揣着牌和弹珠到处求人玩。

但那时弹珠实在是过时了，我恳求也好，放水也好，根本没人愿意再玩弹珠。于是在一个夏日黄昏，我只能把那一箱子落了灰、不再明亮的弹珠全倒进了门口的池塘里。

后来读初中，班上有个男同学跑步很厉害，每次上体育课都能甩我们一两圈。跑得快倒不能刺激到我，关键是那时班上那个我觉得长得特漂亮的女孩居然说他跑步时很帅，这让我不能忍。

我开始练跑步，过去做早操都觉得烦的我之后每天清晨都要去操场上跑几圈，风雨无阻。鞋子不适合跑，我就省钱买相对好一些的跑鞋。练了一学期后，在一次运动会上，我成功地在跑道上击败了他。

但那天我还没从夺冠的喜悦中缓过来，便赫然发现他喝了瓶水后，走向了沙坑，比完三级跳，他又走向了跳高的区域，比完跳高，他又拿起了铅球。更关键的是，当他把操场当成战场四处搏杀时，那个女孩的目光始终跟着他移动，无论他是胜是负。

这让好胜的我觉得绝望。

那天领完跑步得到的奖状回到教室，我揉着酸痛的膝盖，看着脚下已经开裂的跑鞋，突然一阵心酸。我不喜欢跑步，一点也不喜欢，就像我不喜欢最终倒进了池塘里的那些弹珠一样，没人跟我竞争的时候，它们没有任何意义。我只是喜欢赢。

如今回想过去，我发现很多事自己之所以做错，很多话之所以说错，就在于自己从来不肯认输，从来不会对那些在某一方面比自己强的人发自心底地佩服。

我总喜欢不分区域、不分对象盲目去挑战，尽管明知挑战获胜后并不会给自己带来任何快感，但就是要赢，就是不愿意输。

考试，我考第一就是实力，别人考第一绝对是运气，下次我一定超回来；玩游戏，我还没赢谁也别想散伙；打架，你敢拿砖头，我就敢抄钢管；抽烟，你能吸进肺里再从鼻孔出来，我也行啊；游泳，你能潜两分钟，我就敢死水里给你看；打篮球，你居然敢过我？我这场啥也不干了，非盯着你盖个帽回来……

最疯狂的时候，如果有人说他能跳一层楼，我二话不说就会从二楼跳下来。

我的确赢了很多假想的战役，最终却丢失了最真实的自己。我不再知道自己喜欢什么，擅长什么，身上有哪些缺点，有哪些优点，甚至分不清是非黑白，每天睁眼，想的只有成败，于是吓走了身边几乎每一个人——谁会愿意跟一个总憋着想赢你的人一起玩？

直到有次从不喝酒的我因为不肯认输而硬跟人拼了次酒，最后吐得在街上像王八一样爬时，我才突然醒悟，过去许多无谓的挑战其实就像那夜宿醉一样，一旦醒来，立刻就会觉得特没趣。

很长一段时间，我都把科比那句"总有人要赢的，为什么不能是我"当作座右铭，但后来我又想，许多世事，总有人要输的，那又为什么不能是我？

后来我还遇到很多可以击败的人，很多可以通过努力去争取的东西，但我再没有把生活搞成草木皆兵、风声鹤唳的战场。因为我知道追求百战百胜，最后必然只能收获一片狼藉的自己。

我不再鲁莽行动，每次在问自己想要什么之后，我还会问自己一句为什么想要。我还深刻地意识到，一旦我想去"赢"某一个人的时候，从某种意义上讲，我其实已经"输"了。

我不知道身边有没有想赢我的人，但作为一个在过去任何方面都不愿落于人后的人，无意间刺激到的人，估计也不在少数。但讽刺之处就在于，我居然没有意识到身边有谁想赢我。这顿时让过去总喜欢对人张牙舞爪的我显得有些可笑。

不再去肆意挑战并不代表我已丧失好胜心，只是我开始把热血和力量用在那些自己真的感兴趣并且确实能做好的事情上。换句话说，在真诚地说了很多句"这个我不行"之后，我说出来的每一句"这个我能行"也突然变得前所未有地真诚。

或许这心态不能保证让我的人生凯旋，但一旦凯旋，那我必然是战胜自己归来。

如何走出高中"堕落"

我在高二做出辍学的决定时，在亲朋好友的眼里，我毫无疑问是堕落了。关于辍学的原因和后果，我已不想多谈。但我想谈谈一个在面临高考这道人生最重要的关卡的人，一个处于人生中最重要的求学阶段但也最容易走偏的高中学生，到底怎样才算是"堕落"。

从词义上讲，堕落是指由消极的心态导致的消极行为，但这消极的行为并不一定是指外界的评价，还可能是指一个人违背了自己的初衷。

举个简单的例子，一个人混吃等死，旁人看来这人毫无疑问是堕落了，但如果这个人的人生追求就是混吃等死——不依靠任何人混吃等死——那不管旁人怎么看，至少于这个人而言，混吃等死这个行为根本谈不上堕落，相反，还可能是理想的实现。

之所以讲堕落的词义，不是要抠字眼，而是想说，人之一生，在这个繁杂的世界上，你并不能总是可以按部就班以某种既定的轨迹走完每一段路。

如果一个高中生对于大学有向往，对学习有充足的兴趣，只是暂时因为无法静下心来学习，所以上课玩手机、打扑克、撩妹或者撩汉，那毫无疑问，这是堕落。

但如果一个人，不管出于天性还是出于后天影响，其对大学的向往仅仅是因为父母的期望，对学习这件事的态度也仅仅是抱着"拿父母钱财替父母消灾"的想法，说句听起来有点像替辍学的自己开脱的话：这种行为，并不算是堕落。

先讲第一点。

如果一个人本来真心想读一个好大学，想做一个在学习上寸土不让的人，那跑偏一段时间后，可能他会因为内心深处的羞愧感而再次回到学习的道路上去，也可能因为看了一些励志的故事后被刺激得回到学习中去，甚至还可能因为喜欢的姑娘是个学霸，而再次回到学习中去——我并不反对高中恋爱，但对于拿爱情来激励学习的方式我其实并不认可。毕竟，也不是每个人在高中时爱上的姑娘都是学霸，更大的可能是，你爱上的人，也是一个学渣。据我有限的观察，高中里的漂亮姑娘、帅气的哥们儿，貌似还是学渣居多……

就算上述所有方式都不奏效，对于一个真正对大学有向往的人而言，还可以通过更现实的名校和通过学习可以获得的荣誉来激励自己。

但对于第二种人——对学习和大学全然无兴趣的人，不管是"鸡汤"还是旁人的循循善诱，不管是拿灰暗的未来去恐吓他还是用此时父母的期盼去约束他，都是无效的。

我一直觉得我们历来的教育把学习这件事弄得太苦了，什么"凿壁偷光""头悬梁、锥刺股"，最要命的还有那"十年寒窗"。

但其实呢？

真的体验过人生，你就会知道，人生，就是一面寒窗，而且，你与它厮守的年份，远不止十年。

作为一个在高中时期几乎玩遍所有本该二十多岁才玩的东西的人，我负责任地说，与其他事情相比，学习本身压根儿没有那么"格外"不轻松。至少以高中的学业来讲，只要智商不与旁人差太多，基本上你每付出一点，就可以获得一点收获。

而很多人之所以讨厌学习，很多时候并非讨厌学习本身，而是讨厌环境、作息、外界压力等东西。

我始终不相信背个英语能痛苦过记住某一款游戏里的隐藏通道，也始终不相信解一个三角形能难过理解某个姑娘的一句话，更不相信熬夜刷题能辛苦过在网吧包厢里玩半夜游戏，再撸一把，然后再接着玩半夜游戏。

我见过有人用"回报周期"的理论来解释人厌倦学习的原因，但我总觉得，人有时趋利避害，并不一定是因为那"利"格外诱人，还可能是因为那"害"格外恐怖。

我们历来对于学习这件事的宣传，本来是想给人一种"克服困难""战胜自己"的"荣誉感"，却偏偏歪打正着放大了学习"恐怖"的那一面。这让很多心志并不那么坚韧的人对学习望而却步。

而那些在学校里对学习无比痴迷的人，并非因为他们比那些不爱学习的人更聪明、更享受学习这件事，而是因为，他们在学校，可以最大化屏蔽掉那些与学习无关的东西，比如攀比，比如对某一位老师的厌恶，比如对某一个同学的怨恨。

但如果一个人缺了这种主动屏蔽的能力，那就算外面的世界和手机里的世界不诱惑他，他也会自动去寻找各种诱惑来抵消那些与学习本身无关的东西带来的焦虑。

但要永远记住的是，那焦虑并非学习本身带来的。学习这件事大多数时候都是一个"背锅"的角色，本来挺单纯的一件事，不知怎么就成了炼狱和火海。

但如果不是因为误以为学习苦而拒绝学习，而是因为你打心底就反感学习、反感应试，想起自己要走高考这条独木桥就恨不能自断双腿，或者干脆是心有余而力不足，确实不是读书的料，那我觉得这种情况也真心不用太自责，种种偏离学习轨道的行为也并不能算是堕落。

当然，如果一个厌倦学习的人的行为影响到了其他同学，那还是需要进行自我反省和自我批评的。

对于那些根本就对高考没什么指望的人而言，我的建议也不是直接退学。毕竟不管怎样，退学这事说得再好听，仍是一种任性，一种让父母为自己的冲动埋单的鲁莽行为。

但如果不退学又不想在高考上搞事，那也最好别浪费高中这三年。一般人会觉得自己堕落时有一种自己会成为一个艺术家的错觉，其实可以把这种错觉当真，往觉得自己可以成为的那种人上努力。说不定，折腾来折腾去，真干成了呢。

就算最后没干成——如果你真的有想成为某一种人的想法，相信我，你现在不干，迟早也会干的，既然早晚要干，早晚要干砸，那不管怎么说，早早失败看清自己也总比没有退路时失败要好。不过话说回来，手里拿着父母的钱、肩上扛着父母的期盼在学校里却不把心思用在学习上，内心总会有点内疚，但说到底，其实这也没什么大不了的。

因为不管你学不学，这笔钱和恩情你此时此刻都还不起，那不如把这份内疚放在心里，尽可能往自己想成为的那种人上去折腾，只要保证在其他同学可以给他们父母回报时，自己也可以给自己父母一个无愧于心的回报就行了。

每一步都走得正确的人毫无疑问很厉害，但如果不能每一步都走得正确，那就争取在漫长的人生里走对一步，就一步，然后回头把那些走错的每一步，都付笑谈中，也是顶厉害的。

孩子不是演员

今天在公园看见两个六七岁的女孩在各自父母的要求下面对面"斗舞"。

长发女孩看上去兴致很高，跳得面庞通红，一套说不清叫什么的舞蹈施展开来气势非凡；短发女孩表情勉强，全程面色焦虑，看上去完全是在父母和旁观者的起哄下，才强撑着与长发女孩面对面站着，僵硬地挥舞四肢。

几乎每个人在小时候都有被父母要求当众表演的经历。对于爱出风头的小孩而言，可以名正言顺当众表演自然是种享受。但对于那些生性羞怯的孩子而言，当众表演无疑是一种折磨。

我从小爱出风头，每获得一点成就总会忍不住炫耀，每掌握一项新技能立刻就要告诉家人，有机会表演自然最好，没有机会我也会制造机会吸引他人的目光。

但自从小学三年级得了个心算比赛的冠军，因此被父母狠狠摧残半年后，我的表演型人格，就此被彻底扼杀。

那次心算比赛是突然通知的，比赛前谁也没受过专业的心算训练，拼的就是天赋。我们班的比赛方式是老师给每人发一张纸，纸上有二十道100以内的加减题，谁最快做完并且全对，那就是冠军。

当天比赛场面非常壮观。由于心算时不能眨眼，为了看题也不能闭眼，于是一教室的熊孩子整整齐齐仰头翻着白眼，捏着拳头，憋出一个答案写一个，表情与便秘类似。

之所以有空观察他们的表情，是因为那次比赛我是第一个交卷并且全对的。夺冠后，我兴高采烈地把奖状和奖品拿回了家，但我没想到，在那个没有手机的年代，这个冠军成了我爸妈肆意摧残我的开始。

我爸带我去买个很小的东西，有零钱不掏，非甩出一张百元大钞，然后叫老板且慢，扭头问我该找多少。

我白眼一翻，就开始算。

每次算完并准确，爸爸都会给我买粒糖，但那并非为了奖励我，而是为贿赂我别把他身上有大钞的事告诉我妈。

我妈买菜回来，把菜一放，捧着我的脸就说，崽，妈妈今天买白菜花了多少，买鸡蛋花了多少，买肉花了多少，一共带去多少钱，现在还剩多少，你算算看钱数对不对。

我白眼一翻，就开始算。

由于每次妈妈买的菜都多，运算量较大，所以每次算完，我也差不多快翻白眼翻晕过去了。这导致我那段时间见菜就晕，简称晕菜。

最要命的是，我妈有时没事还爱把村里的几个妇女叫到家里来打牌。她们打牌有个规定，就是头四把得打完再一起算钱——这事让年幼的我模糊感觉到，把简单的事复杂化似乎是女人的本能。

每次第四把一打完，我妈就会对正在一旁乖乖写作业的我说，儿子，作业先别写了，算个数先……哪，第一把张阿姨赢了多少，第二把王阿姨放了个炮，第三把张阿姨自摸了一把，第四把妈妈胡了一把，你快算算我们谁该出多少钱，该进多少钱……

我白眼一翻，又开始算。

由于自摸翻倍，放炮得除以三，所以这种题加减乘除都有，有时算得猛了，我真能听见脑子里有那种硬盘即将损毁时才会发出的咔咔声。

每当我准确算完，阿姨们夸我脑子灵的时候，我妈就会笑咪咪地看着我，宠溺地说，我崽这书果然没白读。

被摧残了半年，眼睛快翻成斗鸡眼后，我开始反抗，反抗的方式是刻意算错。

有次我爸卖废品，问我一百二十斤铁，五毛钱一斤，一共多少钱。

我敷衍地翻了个白眼，答，五十块钱。

我爸说，你当老子傻啊……一百斤就五十块钱了，还有二十斤呢，你吃了啊？

我又答，那就五十一块钱。

这下轮到我爸开始翻白眼算了，确定我在胡说后，他指着我，扭头对收废品的大叔说，像这种小王八蛋……卖的话多少钱一斤？

后来我妈过年带我去市里买新衣服，挑好后准备去收银台结账时，她对我说，崽，这衣服一百块钱，裤子八十块钱，一起打五折，也就是便宜一半，你算算多少钱。

我拿着新买的玩具枪，想也不想就说，一起六十块钱。

我妈停下脚步，摸了摸我的头说，你再认真算算。

我说，六十块钱。

我妈说，你以前不是这水平啊……

我说，反正就是六十块钱。

于是，那年我妈就给我买了一套连鞋子带内裤加外套、裤子一起六十块钱的新衣服，压岁钱也从一百块钱锐减为六十块钱，美其名曰：吉利。

不过也无所谓，由于从小我妈对我的"熏陶"，我揣着六十块钱跑去跟村里的小伙伴们打几次牌，很快就可以变成一百块钱。

心算事件之后，我得任何奖都不敢拿回家了。

乒乓球冠军不敢告诉爸妈，因为我怕他们吃着吃着饭就丢出一个乒乓球，叫我对着墙去打两下。

作文比赛冠军更不敢拿回家，因为我怕他们为了让我有更多的素材可写，开始让我第一次洗碗、第一次做菜、第一次给爸妈洗脚、第一次给爸妈唱歌、第一次画画、第一次插秧、第一次施肥、第一次跳舞、第一次给爸妈按摩肩膀、第一次自己洗衣、第一次自己赚钱……

我一个小伙伴就因为没听我的劝把书法竞赛获奖的证书丢沟里，那年过年他家的厕所都挂上了他写的春联。

还有我们镇上的一个女孩，据传她在市里举办的朗诵比赛中得了个冠军后，在她爷爷的葬礼上，她妈从做法事的人手里抢过祭文，对她说，孩子，你声音好听，你来念……

对于父母逼孩子当众表演这事，换个角度想，其实并没有多大错，所谓养兵千日用兵一时，辛辛苦苦养大的孩子，有了过人之处，父母必然会想将其拉出来遛遛，一来可以获得成就感，二来可以满足虚荣心。

但遗憾的是，大多数父母并不会注意频率和场合，一旦发现孩子掌握了某项技能，那只要逮到机会，不管当时孩子在干什么，也不管围观的群众有没有观看表演的兴致，都要严令孩子进行表演。有时孩子演砸了，还得再来一遍。更有甚者，直接叫孩子和其他孩子当众PK——比如今天公园里的那两个女孩。

在我写完这篇文章时，两个女孩已经结束了斗舞，原本热闹的公园也冷清了下来。从表面来看，两个女孩都很小，她们的比试在大人眼中只是一种充满童真的游戏。但我总觉得，这两个女孩并没有那么不懂事，也没有那么不在乎输赢和自尊心。

虽然比试之后没人宣布谁输谁赢，但根据旁观者的反馈，我相信她们自己心中有个答案，而根据这个答案，她们对自己的评价也会产生轻微的变化。

对于长发女孩而言，本就性格外向而且看起来专门练过舞的她，今天这场斗舞显然很有趣，毕竟她赢得了很多人的喝彩，也让她的对手有些灰头土脸。

但对于性格相对内向、看起来没有受过任何专业训练、只是跟着奶奶或外婆跳过几次广场舞的短发女孩而言，今天这场斗舞绝对是噩梦一场。

如果回去的路上，她的父母没有进行任何反思，也没有对她做任何安慰，甚至还傻乎乎地对她说，你胆子怎么这么小？人家胆子为什么那么大？

那就全完了，短发女孩从此不仅会对跳舞这件事再也不感兴趣，还可能需要用上好几天甚至好几年的时间来修补内心深处那道若有若无的裂缝。

也许是我杞人忧天，但我总觉得，多少原本可以闷声成长的天才，就如短发女孩一样，在父母乃至旁观者无意的摧残下，丢失了对于那件事本来的兴趣，内心只剩不安和焦虑，以及一个根据父母和旁观者的反馈产生的对自我完全错误的评价。

有合适的舞台和观众时，大多数孩子就算没有父母的怂恿，自己偶尔也会壮着胆当众表演。但一个孩子身上的闪光点，终归需要父母来悉心保护，而不能被他人的目光无限透支。

毕竟，孩子终归只是个孩子，而不是个演员。

为什么越长大越爱钱

在我小的时候，有次天快黑时，爸爸坐在屋门口，看看鸡说，鸡回来了；看看鸭说，鸭回来了；看看我说，小王八蛋回来了。

我正呵呵傻笑，爸爸从兜里摸出钱包，扯开对我说，天黑了，什么都回来了，就钱还没回来……小王八蛋，你说说，为什么钱还没回来？

那一刻，看着神经兮兮的爸爸，我第一次对自己的未来感到忧虑，我担心自己活到他那个岁数时，也会变成一个满脑子都是钱的人。

我不希望自己满脑子都是钱，因为那时的语文老师抠掉他指甲里的泥巴后，教我认识了"铜臭"这个词，还告诉我要"视金钱为粪土"。

这从某种程度上也解释了我越上学越讨厌看书的原因，因为"书中自有黄金屋"，对我而言，黄金屋就是一大坨铜臭味的粪土，所以看书就等于往脑子里塞粪土。那书这玩意儿，哪里还能碰？

如今再回头想，我真的好想把那老师打一顿，然后再甩给他一本书当医药费。

我所忧虑的未来确实来了。自十六岁出来打工，每次过完年，我吃胖了，钱包却瘦得皮包骨的时候，我都会产生一种这个国家是不是已经只回收钞票而不再印钞票的错觉。文章标题看起来是句废话，因为在当今社会，肉眼所及的一切，几乎都在提醒我们钱的价值，提醒我们，人为什么需要钱。但我想谈谈肉眼之外的东西。

我一直坚信，这世上以生物属性存在的东西，生来就是空乏的，这空乏并非因为无所求，倒常常是因为有所求。但有所求的欲望填充不了我们，只有我们想方设法去填充难平的欲壑，才可能获得短暂的充实。

在我开通了公众号的赞赏功能后，我收到一条留言，一哥们儿说，真是讽刺啊，你曾写如何把没钱的生活过得有滋有味，现在也开始写公众号圈钱了。

我也是闲得无聊才回复他：我能把没钱的生活过得有滋有味，是一种承受无奈的本事，但那并不意味着我就应该一辈子承受这种无奈，不能施展我的本事去赚钱。

假如说人是一种必然会变得庸俗的生物，而谈钱又是庸俗的最大标志，那我想，我确实庸俗了。自从一些欲望觉醒后，自从我发现自己要做的很多事的基础都是得有钱后，我庸俗了。

这世上有一些宗教和书以及各种各样的故事在不停地告诉人们：欲望是有害的。但我始终觉得，假如欲望是有害的，放弃它才能获得幸福，那幸福这种欲望，又作何解释？

所谓看书明事理，其中一种作用无非让人知道哪些欲望应该满足，哪些欲望只能想想，绝不能妄图满足；哪些满足欲望的方式是正确的，哪些满足欲望的方式是错误的，而绝非为了消除欲望本身——事实上，欲望根本不能消除，除非抹除生命。

现在在网上讨论钱这种东西时，往往是两个极端，一端将钱视为万恶之源，沾之则死，一端将钱视为人生奥义，攥紧它才能赢得世间一切。

两个极端都可以赢得很多人的认同，唯独中间区域的刚刚合适没人提。

一是因为当今社会已经从过去凡事讲究均衡和折中变成了非极致而不能引起共鸣。

二是因为"钱不用多，够用就行"这种言论之所以馊鸡汤味扑鼻，倒不是因为它太没新意，而是因为它没有逻辑。因为纵使薛之谦把《刚刚好》唱得再刚刚好，也没人能知道什么才是刚刚好。所谓的"钱不用多，够用就行"，根本是一个不可能达成的目标。就像炒一碗菜，只有好吃和不好吃两种，而绝没有刚刚可以吃这一说。钱也一样，要么缺，要么多，不存在刚刚好。至于到底追求哪种，其实还是那句话，很多时候，我们所选择的，并不是我们想选的，而是我们能选的。

钱的属性原本是一种工具，用于商品交换，实现物质流通，但在当下，钱几乎成了承载一切、衡量一切的天平。它能让你传递恨、传递爱、传递善、传递恶，让人更省时省力地判断你，让你更省时省力地判断别人。

在用钱做纽带的无数次传递中，有些东西固然是错的，可没有它的代替，那些好的也传递不出去。而透过财富去看一个人，有时难免会显得粗暴单一，但这个社会已经不单单是分为有钱人和没钱人了，所有的人早就被打上了各种标签——

比如你是胖子，他是瘦子。

比如你是大 V，他是三无用户。

比如你是"搬砖"的，他是"程序猿"。

每一个关于你的标签的背后，都不是什么恶意满满的伤害，而是一种人在繁杂的生活中节省时间和精力的本能。人是复杂的，谁也没那心力逐帧去看另一个人。

或许我曾讲过穷而愉悦，但要是我说想要愉悦，那就去穷，就是一种极不负责任的行为，只要有一个人把这句话当真，傻乎乎地在生活中履行，那我就等于将他在这个视钱为规则的社会里，推入了火坑。

我一向反对对物品赋予太多，对人尽量简化，但当今社会，没钱这一条，就可以将一个人简化成一张薄纸，生生剥夺他其余所有属性。

你很有礼貌，很有文化，但你知不知道，穷人插队就是因为穷，富人插队就是因为有钱烧的。"搬砖工"写点东西，就是想圈钱，成功人士写点东西，就是回馈社会。

我曾在一篇文章里说，穷人是不能喜欢吃泡面的，因为没人相信，人们更愿意相信，一个穷人吃泡面，绝对是穷的，而不是因为爱。

我也曾觉得这世界真操蛋，任何解释都不如一句："我那么多钱，至于吗？"但后来我觉得，操蛋的不是这个物欲横流的世界，而是人们一边给钱赋予太多属性，一边又将钱污名化，这种分裂让人不敢直视自己的内心，在对错混杂的状态中彷徨失措。

炫富者的错从来不是照片上的包和车，而是他张扬的行为本身，会刺痛一些人。

拜金者的错也不是他们抵抗不了钱的诱惑，而是他们在拜金的途中会对一些没钱的人予以鄙视。

钱从来都无对错，决定对错的，是使用它们的我们。

有次在街上看到一个妇女暴打一个不吭声的孩子，我看不过眼，过去劝了一句，妇女看我一眼，把地上一个摔得四分五裂的手机捡给我看，说："我说不让他玩手机，非要玩，这下摔了，哪里还有钱买……"

说到这里，妇女气不过，又在孩子的背上扇了两掌，原本吓蒙的孩子估计是看到我在，张嘴就哭了出来，孩子一哭，妇女突然也开始抹眼泪。

我赶紧走了，因为我不知道说什么，因为在那天之前，我一个堂姐的孩子把她的苹果手机丢进了油锅里，她还开心地录了个小视频发朋友圈，说，才买十五天，又得换手机了。

那个妇女的手机就是两三百块的山寨手机，却让她心疼到当街暴打自己的孩子，把孩子吓得脸色惨白，哭都不敢哭，仿若捅破了天。

生活的刺骨之处，有时不在于那些你可以屏蔽和忽视的冷眼，而是当年纪到了，一切你曾幻想过却不曾亲身感受过的沉重，以针尖一样的压强落于你的肩头时，你会猛然发现，能抵抗它们、能不让它们刺透自己的唯一方式，就是找一样同样锐利到足以割开一切的东西，予以还击。

我不是要将钱这种东西供起来，而是想说，长久以来，我们把物质和意识分割得太彻底了，我们以为心灵和物质是全然不同的两种存在，其实对一个人而言，它们从来都是一个整体。

我不愿自觉光明磊落、一身正气的自己，在落魄之时，剥落自己花十几年建造的内心，猥猥琐琐地拿去交换一次欲望满足的机会。我曾说，能抵抗的诱惑，绝不是诱惑，那种一出现就让你奋不顾身鱼跃去扑的东西，才叫诱惑。

目前的我，任何违背意志的利益都能抵抗。但时间还在走，父母的身体、自己对于未来的期望，一切都在缓慢地改变着，一旦有朝一日，欲望无法满足的感觉渐变成饥渴和痛苦，我不敢保证自己不会为针尖大小的利益，如恶狗扑食。

我不希望自己变成那个样子，我希望自己能做一世的君子。可古人有云：君子不立于危墙之下。

而当下，贫穷，毫无疑问成了一面最大的危墙。

认错与惩罚

（1）

十六岁那年刚刚办了身份证，我特意买了个钱包装着，天天放在口袋里。

有天跟村里一群比我小两到三岁的熊孩子玩了一下午，回家一摸后口袋，摸了个空，当时心里跟着也是一空。钱包里倒没多少钱，但因为不久就得南下，而补办一个身份证最快也得一个月，于是我就急了。

我立刻跑到下午去过的地方仔细找了一遍，没找到。又找一遍，还是没找到。确定被人捡走后，我心里首先涌起的是愤怒，因为我觉得捡走钱包的人只要打开钱包就能看到我的身份证，都是村里人，不给我送来，无非贪图钱包里的几十块钱。

愤怒的我马上就把下午跟我一起玩的熊孩子全找了过来，表情凶狠地警告说，你们之间有个人捡了我的钱包，钱我不要了，但我希望他能找机会把身份证丢在我家门口，否则，以后我查出来了肯定会找他麻烦。

当天晚上，我辗转反侧很久才睡着。

第二天清晨，妈妈在楼下叫我，问，你的钱包怎么跑到门口去了？我一听钱包两个字就从床上弹了起来，飞快地跑下楼，没理妈妈的询问，抢过钱包，一步三级台阶跑回房间。

把门关上后我一边喘息一边为自己的处理方式暗喜。但当我屏息打开钱包，影响我至今的一个教训出现了：钱包完好无损，钱一分不少都在，身份证也在，但身份证上我的头像被打火机烧掉了。

那天我拿着被烧了个窟窿的身份证在房间里站了很久，心里苦苦思索着几个问题：

为什么他要这样做？

这样做对他没一点好处，为什么他要这样做？

他哪怕不还回来呢，为什么偏偏要这样做？

出乎我自己意料的是，我思考的结果并不是得出"人都爱干损人不利己的事"的结论，而是反思了自己：丢钱包这件事不管怎么说，都是我自己不慎造成的结果，与任何人无关，但做错事的我当时第一反应不是我该为自己的不慎付出代价，反而对有可能捡到我的钱包的人进行最阴暗的揣测和最野蛮的恐吓。最后被狠狠打脸。

后来接触的人渐多，我发现这种心态并非我独有，反而是特别普遍的一种存在——

一旦捅了娄子，处理的姿态从来不是低眉垂首去亡羊补牢，安然承受该付的代价，反而是匆忙拿起一切可以拿的东西去掩盖自己的错误，甚至有时还要不择手段去报复那些指出自己错误的人——这已经超出了恼羞成怒的范畴。

但我个人，从身份证被烧了个窟窿那件事起，之后无论遇到什么事，只要是自己做错的，我都会毫不犹豫承担一切我该付的代价，绝不退缩，绝不怨天尤人。

抛却所谓的公道不谈，单从利己的角度来讲，坚持"做错事坦然付出代价"给我带来的最大好处是，我如今做事、说话越来越谨慎，犯错的次数越来越少。原因无他，就是一路走来自己做错的事太多，有些代价事后想起，实在太大、太惨痛。

没有人可以一生只行正确之事，但做错事敢于付出该付的代价，至少是使人生走向正确道路的前提。

（2）

我有过在大型超市里当便衣防损员的经历。

便衣防损员的主要工作就是伪装成顾客，游荡在卖场里，盯防那些职业小偷或者某些临时起意的顾客。有时监控室里的同事发现了停车场边上出现可疑人员，我们还得去到马路上伪装成路人，只要他一实施偷电动车或者自行车的盗窃行为，我们就一拥而上，将他扑倒在地。

我在南方某知名超市干了很久，从验小票的定岗防损员变成便衣防损员只用了一个月。从某种意义上来说，这算是领导赏识，因为这工作无比自由，哪怕你蹲在门口抽烟或者满卖场撩妹，领导也会误以为你是在伪装，正瞄小偷呢。更关键的是，抓小偷还有提成，是从小偷的罚款中提取百分之十。

但我从做便衣防损员到离职，始终没有抓过一个小偷，没有扑倒过一个窃车贼。

卖场里发现有人拿东西进厕所或者揣兜里，我会直接上去提醒他"你不可以这样做"，而不会等他出了门口再把他拉到办公室。

这种做法听起来有渎职和圣母的嫌疑，但我觉得，首先，我的工作是"防损"而不是抓小偷，而我的做法显然起到了防损的作用。其次，定义一个人是否从超市偷了东西，是看他是不是没埋单就把东西拿出了收银台，而不是他对待商品的行为是否正常。我的做法显然没有给任何人将东西拿出收银台的机会，也就不存在放小偷——毕竟，人家还没偷呢。

至于窃车贼，说真的，我就算想扑也插不进去，因为每个窃车贼一旦人赃并获，那他身上瞬间就会爬满好多个十七八岁的精壮少年，有些好事的路人有时看到可以合法打人，也会冲上去大义凛然踹两脚，说：老子最烦偷车的。

我不抓小偷、不打窃车贼不是出于要感动坏人、让其迷途知返的虚伪动机，而是我知道每一个被拉进办公室的小偷和窃车贼面临的到底是什么：

男的小偷一进办公室，经理把门一关、窗帘一放，就叫他脱衣服，脱到只剩内裤。然后手机、钱包全部拿出来，再让他手拿赃物拍张照。再然后就谈私了还是报警。私了的方式就是按赃物价格赔偿十倍到百倍不等。就算报警，首先也得把赃物的钱补齐。实在没钱的，打一顿，放走。敢不脱衣反抗的，打一顿，还不脱，再打一顿。

女的小偷相对好处理，上年纪的一进办公室就下跪求饶，年轻的刚被抓脸就青了，大多都是立刻掏钱了事。曾有一长得挺好看的姑娘偷了瓶一百块钱的眼霜，在办公室哭了一下午，最后他男朋友赶过来替她赔了五千块钱。

窃车贼无一例外，打爽了再放走。见到身上全是烂疮的，怕打出血了染什么病，那就不打，搜光了身上的钱和作案工具再放走。

不论从何种意义上讲，像上述毒打、软禁、搜身、恐吓的行为，即便放在一个小偷身上都难称正义。尤其我看到那些跟我一样年纪的小伙子，带着强烈的正义感或者单纯伺机发泄，拿半斤重的对讲机畅快淋漓地砸人的时候，我内心深处总是暗暗发寒。

我上面说有很多人自己犯了错不敢付出代价，甚至还会去报复那些指出了自己的错误的人，但如今也有更多人，看到别人犯错时，一言不合就要人肉、就要对方死全家、就要对方原地爆炸、就要骂对方祖宗十八代……

没人在意错误与代价是否对等，没人在意所谓的替天行道通常就是滥用私刑，没人在意当你让一个人为他的错误付出不对等的代价时，超出来的部分，恰是自己内心深处的邪恶……

我一直告诉自己的是，纵使这世界有很多无奈，有很多灰色地带，但哪怕我让一个人付出与他犯下的错误不对等的代价，那本质上，我就是以正义之名行下作之事，从此再没脸谈所谓的正义。

我相信每个人内心深处对生活中的自己和他人的某些行为都有不解的地方。但就我个人看来，无论社会时事还是日常生活，很多人最常干的事就是于己，不敢认错；于他人，犯了错那就要他去死。

如果能修正这两点，世事中所谓的灰色地带，至少减少一半，生活中很多不解和疑惑，也会拨云见雾，寻得答案。

"老"这件事

不知在二十五岁的年纪说出这句话是否合适，但我如今真感觉这世上除了永葆活力的时间，再没有什么可以一直年轻。

跟很多人一样，一开始我意识到老这件事也是因为在父母身上看见了时间留下来的痕迹。

比如某个毫无准备的日子，在他们头上突然看见几根闪亮的白发。

比如过去"双抢"时总喊"只管装"的老爸某天站在田埂上看着满满的一担稻谷，把扁担放在肩上试了试，突然发现他自己的腰比扁担还弯，于是连忙把担子放下，将稻谷铲出来一些。

比如过去总是神采奕奕的妈妈某天突然扶墙站立，一言不发，过了一会儿说："也不知怎么了，刚刚头晕得厉害。"

我个人真正意识到自己已经长大了该听话了的瞬间，不是在被老爸追上挨一顿暴打以后，而是在某次闯祸后，我突然发现，曾经一个箭步就能揪住我衣领的老爸，居然追不上我了。

我知道，在我发现这些痕迹以前，时间在他们身上早就发生了从不断给予到开始回收的质变，只是一直等到这质变累积到一定程度，才被我偶然瞥见。等真的长大，时间的痕迹就不仅仅是在父母身上体现了。

这几年在外讨生活，一年才回去一趟的我，每次回去，站在门口打量村庄，总会觉得像在打量一座时间的遗迹。

对面的山老了。曾经的树木林立，已被每年都会肆虐几次的野火焚烧干净。让它再年轻起来也容易，但真正在意它的样子的人，也都老了。于是它们只能继续伟岸地苍老下去。

村里那口井也老了。过去不管扔下去多少个桶，它都可以轻松维持一个体面的水位，以示自己慷慨。如今随便几户人家挑几桶水，它总要用一夜时间才能复原。村里想办法替它修整过一次，但它终究是老了，再也无法呼吸间把水从四周聚过来，拢在自己的身体里。

田野也老了。多雨的季节水会滞留不走，沤烂庄稼的根，发出阵阵腐臭味。少雨的季节泥土会迅速板结开裂，随便翻开一块，总能看见泥鳅或者黄鳝的尸骨。不种田的人理所当然不会再打理它，种田的人如今心态坦然，多是看天吃饭，撒下种子和秧苗，能收多少就收多少，也不会费心打理它。于是它不可避免地失了规整，丧了生机。

很多房子也老了。能盖成新房的都已经盖了，没有换成新房的旧房多半是屋顶的瓦片先破一个洞，然后水和风就顺着那个洞肆意进出，然后房梁就腐了。房梁一腐，屋顶的瓦片就陷了下去，某个冬天落场大雪，整个屋顶便哗啦一声塌了下来。屋顶一塌，毫无遮拦的土砖墙，便会在雨水日复一日的洗刷下，渐渐融化。它们不会倒，但会越来越矮，直至化为一摊烂泥。

村庄也老了。能逃离的人都逃离了，不能逃离的就把老人和孩子留在家里，自己逃离。过去走夜路到了村口就不用怕了，如今不过年的日子晚上开门出去，村子里静谧无声，如同浸泡在很深的水里。

一开始就向我揭示时间这件事的父母自然是更老了。过去他们关心粮食和蔬菜，如今他们开始关心自己的身体，关心他们如今唯一能抓住的孩子在这个已经将他们抛弃的社会里能抓住些什么东西。家里柜子上的药瓶渐多，妈妈身上不时出现风油精味，爸爸身上的药膏味也一天比一天浓。在这两种味道中，我常能品出老去的苦涩，也能隐约看见某个庞大的阴影在向我招手。

很多年前，看见一句"物是人非"便会心酸不止，心头涌出时间和成长等词汇。但当时间真的以一种肉眼可见的形式在身边显现时，我才明白，在时间的手里，从来就不允许有什么"是"，一切终会面目全非。

说终会面目全非可能有点悲观，说终会焕然一新也可以。但不管是面目全非还是焕然一新，当你意识到有些事情已经产生某种不可逆转的变化时，时间就开始变得不那么友善了。它或许还会继续赠予你一些东西，但与此同时，它也会以同等速度甚至加速向你索取一些东西。而当时间向你索取的东西比它能给你的东西多时，老，也就发生了。

几年前的一个冬天的早晨，村里最长寿的老头儿去世后，村里一些老人向老头儿的儿子打听老头儿去世时的景象。

老头儿的儿子说："当天早上吃了碗面后，我爸坐在火炉边的椅子上，一开始还好好的，在看电视，过了一会儿，突然叹息了一声，然后眼看着头就往后仰了下去，再去摇，就已经摇不醒了。"

老人们听了后纷纷咋舌，表示这老头儿真有福气，居然能老死。

起初我把老人们口中"老死即福气"的说法理解为人老了之后，不是被疾病缠身，苦苦折磨一番后去世，就是在各种原因的影响下，自己采取手段了断自己，而与这两种死法相比，被时间不痛不痒地杀死，显然是最具尊严、最安详的离开方式。

但现在我又觉得，那所谓的福气，可能还意味着，在与时间对话中，老头儿是在偿还了该偿还的一切后，以一种体面的方式拒绝了时间的再度索取，与之进行了告别。

二十五岁的我距离那个告别自然还很远，但在那一刻发生前，在周围的一切在时间的冲刷下已然起了变化之后，我唯一能做的，就是尽可能抓住每一个向时间索取的机会，获取年老后与之对话的资本。

至于最终能索取的到底是何物，那就要看此时此刻和不远的未来了。过去可以反思，但一定不能再留恋不前了。

努力学习的意义

三年前，没上过一天学的外公，被肺心病折磨了八年后，自己在医院拔掉鼻管，不理在床边跪成一排的三个舅舅的哀求，强行要求出院。

救护车把他送回家后，他坐在自己亲手做的那张帆布椅上，平静地交代完后事，把我叫到身旁说："崽，这个肺心病到底是什么病啊？好几年了，也没搞明白。"

我摸出手机搜了一下肺心病，告诉他这病的全名叫什么，有哪些症状。我每说一个症状，他就嘿嘿笑着说："对对对，一点都没错。"

我念完后，他又问："那这病最后把人'弄死'是因为什么？"

我鼻子一酸，不忍再念。

外公仰头看着我说："孩子，念啊，这有什么关系？"

我犹豫了一会儿说："多器官衰竭。"

外公点点头，喃喃说："听起来好像很厉害。"

过了一会儿，他眯着眼睛看了看对门门框上贴的已经破损的春联说："你们年轻人现在还写对联吗？"

我点点头说："也有人写。"

外公扭头看我一眼，伸手叫我把他扶起来，又叫外婆拿来眼镜和纸笔。一屋子人见状围了上来，还有人连忙搬来一张小桌子。

外公没有理会旁人，戴上眼镜弓着背，把本子放在自己的膝盖上，颤抖着手，一笔一画写了一副对联——

阴阳两隔哀思能抵

人间疾苦天府可消

我看了后说："外公，这好像是……葬礼上才会用的。"

外公取掉眼镜笑着说："对啊，这是我给自己写的挽联。"

一屋子人传阅对联时，外公又对我说："你看这个'消'字是用三点水的好还是用金字旁的'销'好？"

我还没说话，他突然兴奋起来，叫外婆帮他把那本已经翻烂的《新华字典》拿来。

拿到字典后，他先是用力地咳嗽了一下，吐出一口痰，然后扶了扶眼镜，右手食指在舌头上蘸了点口水，一页一页地翻开字典，郑重的样子像一个第一次查字典的小学生。

他查了十分钟。查到结果后他把纸拿回去，在"消"字上打了个叉，在旁边写了个"销"字。写完后，他端详了一会儿，然后笑着说："嗯，这就对了。"

半小时后，他坐不住了，躺到了床上。

一个小时后，他喝了一小碗粥。

两个小时后，他开始胡言乱语。

四个小时后，他吐出几个模糊不清的简单音节，嘴巴轻轻合上，脑袋微歪，安详离世，享年八十一岁。

我其实不知道努力学习的意义是什么。

但那天我看着行将就木的外公坐在灰暗的光线下，弓着背，眯着眼，像完成一个仪式一样，虔诚地去搞清楚两个汉字之间的区别时，我忘记了悲伤，忘记了去想如何在他人生最后的时间里取悦他、安抚他。我只觉得全身毛孔霍然张开，内心暖流涌动。

那一刻我没觉得他是我的亲人、我的长辈，我只庆幸自己能看到一个面对死亡毫无畏惧、毫无恐慌，在人生的终点还充满求知欲的生命。

我也不知道自己算不算是努力学习，但至少此时此刻，我还对未知的一切有着充足的兴趣，对那些不顾一切去探寻未知的人充满敬意和向往。

在可预见的未来，人类都不可能参透生死和永恒，但终是须臾，我还是想多知道一点，多看一点，把世事里灰色区域的面积，尽量多挤压一点，使之变得黑白分明，是非可见。

如果死亡是一面镜子，那我希望有朝一日，在面对镜子里的自己时，我也能够像外公一样，不羞不愧，不怨不恼。如此才真算对得起过去自己做出的每一个选择、说过的每一句话、爱过的每一个人。

警惕谣言，也要警惕真相

多年以前，若你问我真相的价值，我会将脑中的全部褒义词挖出来献给它。但近几年，我发现一些所谓的真相，经一些人精心挑选再以真理之名放上网后，导致的后果比谣言还可怕。

假如说谣言是羞辱人们的智商，利用人性中的弱点攫取一些人的金钱和时间以及心智，那近几年，无数宣称是绝对真相的观点，正如飓风般在网上肆虐，很多原本就缺少信仰和独立思考能力的看客，像草一样被这样的飓风卷偏，彻底倒向远离真实生活的那一边。

并非我危言耸听，这种飓风如今不仅将很多人刮倒，甚至还从某种程度上伤害了这个社会维持顺畅运行的底层逻辑。很多靠贩卖类似真相为生的人，再往前一步，就是邪教教主。

这篇文章本不应出现在今天，但昨晚有一位姑娘对我说她看到一篇文章后，突然觉得活着没意义了。

我看她的语气不像开玩笑，就回她："对啊，活着是挺没意义的，那你打算怎么办？"

她说："我不知道。"

我说："那就先活着，试试看。"

她没再回消息，过了一会儿，她发来一篇文章，说："这篇文章写得很有道理，希望你能认真看一看。"

文章有两千多字，经典三段式，作者从他的一个朋友谈到活着的意义，又从活着的意义谈到玄学。

最后作者说，有个真相我知道你们不愿意听，但我还是要说，人活着，根本就没意义，所谓的意义，从来都是谎言，就是一些高高在上的人强行灌输给底层百姓的，好让你们安分守己地活着，好好工作，任他们持续不断地剥削。

这种以真相为名义，号召独立思考、解放天性、摆脱束缚的观点，近几年我在网上看过无数次。

比如，人都是自私自利的，父母、子女、夫妻以及任何所谓的亲密关系，根本就不是靠情感维系，而是靠利益的取舍维系。

比如，一夫一妻制反人性，所谓的真爱无悔、忠贞不二，就是最上层掌握资源的人为了麻木底层民众制造出来的鸡汤。真正掌握权力和金钱的人，早就玩"嗨"了，一男多女，一女多男，性资源取之不尽用之不竭。他们不揭穿婚姻和爱情的真相，就只是为了不挑战底层民众的价值观，怕引起他们的反感，从而影响自己攫取利益和资源并继续自由自在地玩。

比如，你脑中此刻的思想，其实全都是狗屎，都是被各种人以各种目的强行灌进去的，你真以为教育是为了让你明事理啊，不是，教育是洗脑，是为了控制你。

比如，世上根本不存在绝对的真理，宇宙多大啊，其中蕴含的规则和藏在迷雾中的神秘力量，渺小的人类根本永远无法接触。你口中所谓的科学和文明，只不过是人类在自欺欺人。

……

这些观点猛一眼看上去非常有道理，而且极具煽动性，很多现实中本就活得不如人意的人，轻易就会被这些观点吸引，误以为自己掌握了绝对真理，提前看到了人们遮遮掩掩的真相。

更重要的是，这些观点常常可以让很多人将自己落入当下境地的原因，全归咎于神秘的力量和最上层那些掌握了资源的人。这可以让他们从自己的无能中暂时解脱出来，同时获得思想上对身边人进行大幅超越的快感。

我一直觉得鸡汤有两种，一种是放大人性中光辉的一面，用故事告诉你要努力，告诉你要善良，告诉你要敢于抉择、敢于折腾，告诉你要舍弃小利，不要斤斤计较，要有格局，要大气，然后你才能最终获得好报，对自己当下所处的阶层实现超越。

还有一种就是放大人性中阴暗的一面，用几个或真或假的故事进行最初论述，再以一种接近绝对真理的语气向人大声宣告所谓的真相。他们抨击道德，抨击普世价值观，抨击几乎所有现存的制度，然后告诉你，只有这样想，你才能在思想上获得解脱，获得真正的自由，从此摆脱被人操控的宿命，脱离现在的阶层。

两种鸡汤相同之处在于，他们针对的都是一些在这个极速向前的社会中，迫切想脱离自己当下的阶层、对鸡汤十分饥渴的人。

不同之处在于，放大人性光辉面的鸡汤是以一种看起来可操作的方式教人脱离当下阶层，强调人的主观能动性。

放大人性阴暗面的鸡汤则是以一种看上去无懈可击的逻辑让你在思想上产生脱离当下阶层的快感，让你感觉看了这篇文章，就看透了世间真相，更看透了很多事其实不怪自己，只怪这个阴谋充斥的世界。

鲁迅有句名言：真的猛士，敢于直面惨淡的人生，敢于正视淋漓的鲜血。这句话放在文章中用来赞美刘和珍等烈士，气壮山河，完美无缺。

但如果我们把它单拎出来，再把前面的鲁迅两个字去掉，就剩"真的猛士，敢于直面惨淡的人生，敢于正视淋漓的鲜血。"

那这句话谁爱听呢？

所有人都爱听，因为所有人都觉得自己是猛士，都可以直面惨淡的人生，都可以正视淋漓的鲜血。但每一个爱听这话的人，真的都能做到吗？而是不是"真正"的猛士，真的必须以如何对待惨淡的人生和淋漓的鲜血来验证吗？

那些以精英思想为名义宣扬的所谓真相，其背后的逻辑也跟这句掐头去尾、抹去来源的话差不多。

他们告诉你，"真正"的思想是怎样，"真正"的精英是如何思考，"真正"的人性是怎样，然后又告诉你，你看了这篇文章后，只要你接受这种思想，你就真的自由了，你在思想上已经进入精英阶层。

你若不接受那些"真正"，那你就注定在底层，就注定是不能直面惨淡的人生、不能正视淋漓的鲜血的懦夫。这种逻辑太可怕了，可怕到你几乎无法反驳，只能接受。

但妙就妙在，很久以前我就说过，一个人真正的三观所在，是他愿意教会他爱的人的那些东西，而不是所谓的政治正确。

你想想，那些宣扬人生没意义的人，他们会愿意这样教他们的孩子吗？

那些宣扬一夫一妻制是反人性的人，他们会愿意这样对他们的父母或他爱的人说吗？

那些宣扬一切亲密关系都是靠人性中的自私自利来维系的人，他们会把这种观点亮给他们的朋友或家人看吗？

不会的，他们不会给他们在乎的人看，也不会说给他们在乎的人听，他们只会给他们既定的受众看，说给他们既定的受众听。

他们告诉受众所谓的真相，告诉受众所谓的真理，让受众从中获得解除束缚、思想自由的快感。然后呢？受众给他们打赏，给他们点赞，给他们转发，参加他们的社群和课，让他们的人生更有意义，让他们的一夫一妻更紧密，让他们实现阶层的超越。

受众在他们眼里，就是赚钱的工具，而不是承受真知灼见的生命。

我相信人的精神确实存在一定的束缚，但假如一个人真受了十几二十年的束缚，结果看几篇文章就能解除这种束缚，那这束缚，也太不束缚了吧？

我相信人活着总有摆脱不掉的虚无，但如果真实地活着不能解释活着的意义，那为何遥远的虚无就能解释活着必然没意义？

我还是个对人性持悲观态度的人，但我的悲观不是每时每刻的悲观，而是我不太相信人在环境发生剧烈变动时，还能保持人性中的闪光点，在自身难保或快要难保时不做违背原则和道德的事。

我也是个观点贩子，并自诩了解人性，但我从不敢将那些阴暗面用键盘放大成一切，更不敢用无辜的汉字去描写那些阴暗的东西。

我知道写不好的东西总比写好的东西更能体现所谓的格局和高度，但我不愿为了获取一个独立思考的名号和一些现实利益而误伤一些本来脑子里就空白无物的人。有些人是真的天真到只要看到文章作者和字数就会无条件全然接受文章的观点，蠢得可气又可爱。

倒不是说上述观点都是错误的、不该存在的，就像世上很多经典文学名著，也大多以揭露人性的阴暗面、描写个体在命运下的无能为力为主。

但区别在于，那些文学经典从来不是以居高临下的俯视态度进行揭露，它们从不对任何个体的命运做任何评判，也不为任何个体超越自身命运提供方式。它们只是描写那些如水往低处流般自然发生的一切，却不谈任何对错。如此，才算称得上是悲天悯人的大情怀，称得上是将真相赤裸裸地捧出来给人看。

而那些自己放肆攫取利益，却告诉他人活着没意义的人，那些自己追逐美好的爱情却告诉他人忠贞是假象的人，那些面对父母无限惭愧却告诉人们亲情是靠利益维系的人，纵使他们说的有一部分是真相，也终归不过是揣着明白装糊涂，表演给人看。

从我第一天写东西时，我就不断强调，真实的生活体验超过一切。旁人说的有些道理或许是真理，有些思想或许是真相，但看到那些所谓的真理和真相时，总应该保持十足的警惕，保持用自身体验去检测那些东西是否合理的习惯。

对于浩瀚的宇宙而言，真相深掩其中，人类无法彻底洞察，但对于每个人的生命和生活，无论社会如何变化，阶层是否流动，能洞察其中真相的，除了自己，再无他人。

如今网上弱智谣言的大潮已退，接下来，请对他人口中的所谓真相保持警惕，不要让他人以思想自由为名肆意往你脑中添加东西，就像不要出于礼貌而让人天天对着你说，你会死的，你会死的。

人性中的阴暗面固然存在，生命也必然归于虚无，但这两者是否可以被放大成一切，用作对于当下社会的嘲讽，一顿美食的幸福，足以作答。

也许，人生就是一场模仿游戏

几年前，我在一个宣称讨论文学的论坛里，跟一实心笨蛋打了一场持续七天、参与人数上百的笔仗。

笔仗开打前，那笨蛋论坛粉丝六万，我论坛粉丝十八个。笔仗打完后，我论坛粉丝六万，那笨蛋留下一句"不跟小屁孩瞎扯"后退出了论坛。

半年后，那笨蛋以一首晦涩到我误以为他要自杀的现代诗宣告回归。

当时我看完诗，想起半年前自己咄咄逼人的态度和文章中对他进行的冷嘲热讽，加上那时的文艺青年总有病态的自杀倾向，我唯恐自己变成杀死伯仁的凶手，于是决定向他道歉。

我发消息对他说，半年前的事，对不起。

他爽快地回复，你滚。

这句回复成了我时至今日仍有底气叫他笨蛋的依据之一。

跟他打笔仗的原因很简单，某天他发了一篇标题为"做自己"的文章，用三千个无辜的汉字循环往复地讲"不要模仿别人，做你自己"，更要命的是文章下面还有一堆傻子嗷嗷叫好。

那时年轻气盛、痛恨虚伪的我看到此番景象，立即血涌上头，在天灵盖被冲得哐当直响的声音中，噼里啪啦写了篇文章，将他的文章逐字逐句分析了一遍。

在文章的末尾，我说，综上所述，这篇名为"做自己"的文章其实通篇都是在模仿另一位鸡汤作家的写法，所以此文作者是个笨蛋，为这种文章叫好的，也是笨蛋。

如今回看，那时我纵然花了七天时间，写了近五万字，干翻了一箩筐的笨蛋，也仍旧没能完全表明自己的想法。那时的我只是直觉般认为，人可以做自己，但人几乎不可能不模仿别人。

人会被外界潜移默化地影响是大家都知道的一个常识，但近几年我越来越觉得，外界之所以能影响人，其根本原因或许在于，人总会有意识、无意识地模仿外界现存的一些或好或坏的东西，以使自己能与外界更相符、更符合想象中的自己。

有句话说，模仿是一切学习的开端，所谓创造，无一不是在模仿之后。

每个小孩探索这个对他而言崭新的世界时，标志之一就是他会开始模仿大人的动作和表情。小孩长大后，模仿外界的频率会逐渐降低，但模仿这一行为却并没有消失，仍在暗中持续。

造成模仿频率降低的原因有两个：一是因为既定的舒适区已然形成，

人不愿再费尽心力做出大的改变；二是在一个环境中待久了以后，环境的新鲜度和未知范围都在极速萎缩，人不会再像初来乍到时一样，拼命去让自己与它更吻合。

这也是为什么在一个团队、环境中待久了以后，人总会由最开始的亢奋转变为懈怠，学习动力和改变现状的欲望都会极速下降。

这也是为什么面对一个对于现状不满却没能力主动改变的人，我们总会劝他换一个环境，因为一旦换一个新的环境，进入一种陌生的状态，人的模仿本能又会被重新激发，回归到孩子初次探索世界的模样。

很多人讨厌官腔、讨厌鸡汤文、讨厌酒桌文化，但一旦让他进入官场，让他以每天一篇的频率写文章，让他坐上一个意味着等级和利益划分的酒桌，他最终也必然会多多少少模仿当时环境中的那些人，纵使那些人的行为曾被他看不起。

人终归是会趋利避害的生物，若始终以一种坚持自我却与外界相悖的方式活着，要么痛苦，要么被淘汰。在一个陌生的环境和状态中，想以最快的速度融入新环境、获得安全感的唯一方式，就是去模仿在那个环境和状态中已经生活了很久的人。

哪怕你想开创一种全新行为模式让当时环境中的其他人来模仿，也得是在模仿现存的东西以后，在找到它们的弊端以后，才能寻求突破。

很多人认为模仿是个贬义词，意味着失去自我，但所谓的纯粹自我根本不存在。每个人的内在性格和外在行为，大多数由无数种外界现存的东西拼凑而成，并非无根之木。

你的思维方式可能是多种思维方式的组合，你的三观可能是多种三观的组合，你的微笑中可能藏着另一个人的嘴角和另一个人的眉梢，你吃饭时可能藏着另一个人拿筷子的方式和另一个人张嘴的幅度，你走路时可能藏着另一个人摆手的高度和另一个人屈膝的角度。

网上有句流传甚广的话：你现在的气质里，藏着你走过的路、读过的书和爱过的人。

这段话用模仿来翻译，就是你此刻所谓的自我，不过是你模仿的那些东西被你内化，发生化学反应后的最终产物。

我们之所以常常会越活越像自己的父母，就在于在我们的一生中，相处时间最长、被模仿机会最大的人，就是自己的父母，基因在人体上的作用很大，但在行为上确实微乎其微。

正如狗血电视剧中，基因相同的两兄弟，落入不同家庭，最后拥有了截然不同的性格和行为模式——这也从侧面证明了为什么身教是比言传更好的教育方式，因为身教更便于模仿。

每个人都会模仿他人，反过来，每个人也会被他人模仿。所谓三人行必有我师，你这样想，另外两个人也会这样想。

从这点来看，有时定义一个人价值的，或许就在于有多少人愿意模仿你。而定义你最终价值的，或许在于，你身上的东西，到底有多难模仿，多具有稀缺性。

我的工作是"搬砖"，这份工作被归类在"可替代性高"的职业中，而"可替代性高"的意思差不多就是说，你做的事，随便来个人，都能将你模仿了。

所以这工作没什么价值，上不了台面。

有时我甚至还觉得，人类社会之所以看脸，除了因为一张脸所能承载的信息较多以外，另一个原因还可能是，极美和极丑的容貌几乎都无法被模仿，纵使你通过整容完全模仿，人们看到你，也只会想到你模仿的那位，而不是你本身。而其他诸如气质、思想等内在的东西，其实都可以模仿，并且模仿过后也没人知道你模仿的到底是谁。

说起来可能有点血淋淋，但若以能否被模仿、被模仿的代价大小为标准，去衡量一件事物的价值时，脸，确实比内在更具稀缺性。

也许有人会想，假如人生真的是一场模仿游戏，那随着时间的推移，大家模仿来模仿去，到了最后，人类岂不是会变成统一的样子？这个世界岂不是会变成一个平庸而无趣的世界？

并不会如此。

就拿写作这件事来说，假如把王小波、鲁迅、海明威、马尔克斯、余华五人当成五个文学密码，每个想开启文学这扇门的人都同时去模仿这五人，最后出来的结果也并不相同。

一是因为模仿的顺序不同，造成的结果就不一样，这点开过密码箱的人就知道。二是人在面对不同对象时，模仿能力也千差万别，最终导致的结果也不一样。

也就是说，就算完全排除人自身对于现存的东西进行改造和超越的本能，就算将被模仿对象限定在五个人，模仿人数扩大到成千上万，最终出来的结果也不尽相同。

我们常听到说某部文学作品有时代的印记，一方面是每个年代的作家可记叙和描绘的东西不尽相同，另一方面就是每个作家在走向文学这条路时，模仿的对象几乎都是在当时具有极大影响力的作家。

因为一个作家影响力巨大，那他的作品被人接触到的概率就大，这也就给了他人模仿他的机会。而一个作家能拥有巨大的影响力，也就说明他的表达方式和思想经过了当时环境的检验，这也就给了他人模仿他的动力。

有模仿的机会又有模仿的动力，那与他处于同一时代或是时代相差不远的文学爱好者们，怎么可能会不去模仿，怎么可能会不在他的影响下，被打上明显的时代烙印？

对于个体而言，模仿是一种本能，是一种能最快融入环境和接受新事物的方式。对于世界而言，恰是每个个体都在不停地模仿不同的对象，又不停地被不同的对象模仿，才使这个世界变得缤纷多彩却又不全然不同。

模仿最大的价值也就在这里，它使无数个体具有底层同一性，从而使群体保持高度凝聚力，但又不会让个体完全相似，使这个群体失去进行创造和进化的可能。

而意识到人生可能就是一场模仿游戏，除了可以让你知道如何才能更好、更快地学习，如何根据自己现有的资源和模仿能力挑选可模仿的对象，进而变成自己想成为的人以外，还可以让你知道，纵使你痛恨这世上的一切存在，但你终归由这个操蛋的世界打造而成。

你无法像个别天才一样超出当时的世界而存在，也没有天才一样的能力将这世界改变成你想要的样子，你会被所有现存的你能接触到的事物影响，无论那接触是通过何种媒介。

有个故事叫东施效颦，故事中的东施因为模仿西施捂着胸口皱眉的样子，被人笑了好几千年。

但我其实一直都觉得东施可怜，纵使她丑出了特色，丑进了历史，我依然想摸摸她的头，给她一点安慰。因为她什么都没错，她只不过就是想变得更美一点，变得更受人欢迎一点，只不过挑错了模仿的对象，模仿到的东西只是表面。

我们每个人，在人生的路上，几乎都在做模仿他人的"东施"，只是有些人很幸运，一辈子模仿的都是适合自己的、美好的东西，并且能将那些东西完全内化，形成美好的自我。有些人不幸运，不仅一辈子模仿的都是不适合自己的、错误的东西，更要命的是，哪怕他经历无数次如若重生的痛苦，也终归是没能找到一个光明的背影，带他走上他该走的路。

这恐怕，也就是世人口中所谓的命运之一了吧。

在那些自觉渺小的时刻

昨天有一哥们儿对我说，不同啊，请先容我骂你一句……

我说，凭什么啊，老子又没抢你女朋友。

哥们儿说，我是个喜欢写东西的人，本来安安心心地写一个公众号，想着好好写，就会有人看，但仔细看了你的很多篇文章后，我再看看自己写的，突然就没勇气再写下去了……

我说，你夸我我也不会弯。

哥们儿说，谁要你弯了……而且，也不是说你写得多好……就是，你让我意识到，自己拼命写出来的东西，好像并没有什么去看的必要。

我说，你多大了？

哥们儿说，二十八。

我说，这样，你骂我一句，然后该干吗干吗去。

似乎每个人都会经历这样的时刻：当你在为自己的梦想努力时，当你拼命想使自己的未来光芒四射时，突然抬头瞥到一些远远走在自己前面的人，会觉得浑身无力，会觉得自己的天赋和努力，根本没有丝毫意义。

就像去年刷屏的"先定一个小目标，赚它一个亿"一样，这句话对于一些为了创业差点连妈都卖掉的人而言，无疑是一记重击。

你想啊，你为了节约点成本连水都不敢多喝时，王健林先生轻轻地挥挥手，就是一个亿。那一瞬间，不知多少人胸腔里的热血哗啦啦往外流，然后又拿起酒哗啦啦灌进去。

我不是一个生来就不要脸般自信的人，我也有过类似自觉渺小无力的时刻。

在我第一次鼓起勇气将自己精心写的八百六十四个字发在一个论坛上，结果刷新了一个月也没有一次点击时，我看了看那些上了论坛精选的文章，再看看自己的文章，突然就想，算了吧，别写了，自己的东西狗屁不值。

我清楚地记得，那天我把文章从论坛上删掉，从网吧里走出来时，头顶的天空蓝得像哈药六厂出品，街上人潮汹涌，我盯着街边一个被踩瘪的易拉罐，觉得自己还不如它有价值。

那些人太厉害、太有天赋了，抬手就是一篇精品，说句废话底下也一堆人嗷嗷叫好。那时我还不懂他人的收获也源于努力，我只是觉得，他人都站得那么高那么远了，我的努力，根本没有意义。

但最终，我坚持了下来。

坚持的原因不是我找到了自己写的东西的价值，也不是明白了所谓的成功必须努力的大道理，而是在兜兜转转之后，我发现自己唯有不停地写，才能感觉到幸福。

这幸福或许不能被人看到，但它也终归是我贫乏的生活中唯一的慰藉，更是我能见证自己正一点一点变好的唯一方式。我没法用肉眼看到自己与那些光芒四射的人之间的距离正一点点减少，但通过自己谨慎而虔诚写下来的东西，我知道，自己正在向前。

我不是一个喜欢歌颂的人，包括生命在内。我知道生命是个奇迹，但包裹生命的生活，却常常没有奇迹可言。

我们会本能般渴求自己变得更好、更耀眼，以配得上那些更好的生活、更耀眼的人，于是我们努力，我们拼搏，在一切行将尘埃落定前，我们如溺水之人寻找一块浮木般四处寻找能提升自己的办法。

我们会在那些走在前面的人中挑选一个作为自己的榜样，但有时，我们又会不敢看他。因为在闷头追赶的路上，无论是追逐梦想还是追逐爱情或是追逐其他东西，我们总会惧怕在一个猝不及防的时刻，体会到一种名叫"再怎么努力也无效"的无能感。

你苦苦追求的人，可能连正眼都不看你。你想成为的人，可能根本就超出了你生命的极限。若是爱错了、选错了倒无妨，关键是，很多时候，我们是真心爱一个人，真心向往一种其他的生活。

很多人会将那些意识到自己渺小无能的瞬间，命名为脆弱，并尝试用对着镜子挥拳头的方式告诉自己，努力不为结果，只为提升自己。道理是

对的，但我不那样想，我更愿意把那种渺小无能的感觉视为人生路上必然
会产生的挫败感。

面对那些距离遥远的向往，有时其实像人在面对浩瀚的星空和壮丽
的山川时会产生的感觉。星空和山川自然很美，可我们始终无法据为己
有，不仅无法据为己有，还会在面对它们时，觉得自己无限惭愧，无限
渺小。

很多人说看到壮丽的景象时，之所以会产生一种幸福至想下跪痛哭的
冲动，是因为那景象太美。

但我觉得，因美而激动，所以欲下跪痛哭是一方面，另一方面是，那
些壮丽的景象以一种不容置疑的方式提醒了我们人类自身的渺小，而这种
提示又让我们从一些无法释怀的失去和他人的重压下暂时解脱出来，获得
了极致的轻松和空明。

为什么人在极度无能时偶尔会想到死，进而想到世界存在的意义？因
为只有在想到死亡，想到这世界是一种无限接近虚无的存在时，我们才能
从那种深深的无能中逃出来，获得超脱。

所以，我从来不抗拒那种自觉自身渺小的感受，就像我从不抗拒死亡
这件事一样。试想，假如死亡不存在，那人的生命或许会无限延长，但生
命力必然会流逝。因为再没有一个无法改变的事物会必然抹去你，那你就
再不会着急忙慌地去感受些什么，留下些什么，甚至不再会在极度的无能
感中去寻找出路。

我当然不是那些光芒四射的人，但假如我的存在真的让谁感受到一种

无能感，在感谢你夸我的同时，我觉得，你还应该谢谢我，而不该骂我。

因为光凭本能的渴求，人根本无法长久保持前行的动力。只有在意识到自身渺小之后，在感受到那种蚀骨的不甘和委屈以及恐慌之后，你才可能会奋而不顾一切，以一种经历过考验的姿态，继续向前。

换句话说，人生大多数出路，不在别处，就在那些禁锢你、映照出你的渺小的东西之内。我曾在无能感中沉沦过，也曾在觉得人生无味、终归虚无的感受中恐慌过，但对于美好的向往实在太强烈了，现实生活也太真切了。

你可以花无数个枯燥的夜晚，苦闷地躺在床上思考人生的意义，或用一个通宵的时间看那些走在前面的人的背影，体验自己的渺小与卑微。但第二天醒来，你依然会清晰地看到从窗户中透进来的光，在一片不可断绝的开门声中听到城市的醒来，你依然满腹空虚、大脑混沌，但你依然要从床上爬起来，穿过人潮汹涌的街头，不可避免地被没有奇迹的生活包裹。

你必然要开门迎接生活，但最终你是从人海中探出头还是就此沉没，他人的光芒不能决定你，你自身的渺小也不能决定你，关键只在于，你是否愿意将这一生，拱手让于不断前行的时间。

记得我第一次发在论坛上的八百六十四个字里有句话：

有时我觉得，挣扎是无效的，但有时我又觉得，纵使挣扎无效，也还是要折腾出点声响，让那些残忍到近乎不能改变的东西，知道它们所束缚的，是一条怎样鲜活的生命。

在那时，我只想用这句话总结自己的生活，但此刻，我想把这句话送给各位，送给所有觉得自己渺小如蚁却又不甘如此的人。

如何把没钱的日子过得有趣

这年很快就完了，由于快要回老家过年，昨天我在街上吃完一碗酸辣粉和一片反季西瓜后，抱着无聊找刺激的想法，跑到路边一家银行的自助提款机去查三张银行卡的余额——都不好意思说存款。

三张卡查完的瞬间，我就觉得刚才那片西瓜太凉了，估计是从1982年冻到了现在。

这一年我"搬"了不少"砖"，真要算起来，跟我写下的字的数量没差。但存下来的钱，我实在不好意思说出口。假如不富裕是指年收入不过十万元，那我的收入只能算不是人了。

最近几年"搬砖"的工资并不算低，有活儿干的话，每天至少二百五十块钱，有时运气好，碰到大气的土豪或者口味独特偏爱我这种"搬砖小鲜肉"的少妇或者少男，搬搬沙发、柜子，换换厕所地板砖，一天下来也能混个五六百块钱。就算一个月只做二十天，没碰到一个土豪，那一个月下来，也有五六千块钱。

但就像不知道时间都去哪儿了一样，这些年我每年回家跟我爸坐在一起，父子俩必然会进行的一项活动就是一人点一根烟，坐在火炉边抱头苦思：钱都去哪儿了？

其实我爸是知道他的钱都去哪儿的，毕竟每次苦思之后，他总会抬头看一眼我妈。

我也知道钱都去哪儿了。

每个月从工头那儿分完工资后，不厚不薄的几十张，一打开，总有几张长着房东的脸，十多张长着各个饭店的招牌，一两张长着中国移动的脸，一两张长着中国电信的脸，五六张写着吸烟有害健康，还有十多张没有确定的样子，但反正不是长着我的脸。如果不感冒不生病，朋友不过生日不搞聚餐，那剩下的一二十张就可以存到银行里，算是这个月的纯收入。

当然，这是在没谈恋爱的情况下，要是生活中出现了姑娘，那天地万物都长成了她的样子，更何况钱呢？

对于自己不富裕这件事，我从来都有深刻的认识，不避讳，更不屑掩藏。但与此同时，我也知道，之所以目前敢揣着这点钱回家过年，是因为爸妈的身体还算健康，自己也没什么太多的欲望，更没有家庭的压力。再过几年，情况就会发生变化了。

说幸运也好，不想事也好，至少目前，我觉得自己把自己照顾得挺好，没有让那些爱我的人操心担忧，也没给那些恨我的人落井下石的机会，至于是不是过得有滋有味，我不知道，因为我从来没伸出舌头去尝尝生活，也不太信别人给我讲的关于生活的滋味。

我只是很用心地活着，做着有些辛苦的工作，拿着不那么丰厚的报酬，折腾一些自己觉得有趣的事，写一些自己觉得有意义的字，难过了就出去走走，开心了就出去跑跑，失眠了就不睡，困了就好好地睡。看起来挺平凡，但若真要谈什么生活和人性的真相，我也敢谈，只是不再像过去一样，逢人就谈。

唯一知道的是，此时此刻，我在写自己的不富裕时，内心不仅非常平静，甚至还隐隐是有些开心的。

但如果你问我，想不想过富裕的生活。

我会毫不犹豫地说，想。

但我想的原因是，我一直觉得人生是无所谓意义但有所谓体验的，我想过富裕的生活，因为我想体验一下过富裕的生活是什么感觉，跟旁人的目光无关，跟世俗的成功也无关，就是想体验一下，像几天前那个给我钱然后又随手拍我肩膀叫我帮他把垃圾提下去的土豪，他们这些人的心理是个什么状态。

但想跟现实是有区别的，一个显而易见的事实是，我此时此刻站在一年的尾巴上，抬头张望，丝毫看不见未来有一大堆钞票向我招手的壮观景象。

我想体验富裕的生活，但我看不见那种粉色的浪潮，所以此时此刻，我只好笑眯眯地，用心体验一下不那么富裕的生活。

④

第四章

社会底层

底层生活到底是怎样的

如果不包括因生计而犯罪和因患有某些精神疾病而流落街头的人，我在这个国家应该算是绝对的社会底层。

我十五岁高中退学，第一站到了广州夏茅。当时我的父母在那里打工，但因为我违背他们的意愿退学，为了惩罚我，为了让我知道世道之艰，他们没有给我任何经济上的援助。

我自己找了个房子，找了份工作，遗憾的是，第一份工作我干砸了。后来我做过保安、做过包装工，进过鞋厂、进过服装厂、进过超市当防损员、搬过砖、送过快递，写这篇文章之前，我工资最高只拿过三千七百块钱。

家里的亲戚有人混得很好，每年过年，爸妈会旁敲侧击地让他们"带带"我。但性格使然，我不太愿意跟亲戚在一起工作。

十八岁那年我进过一个远房表叔的皮包厂。他对我很好，在工厂里给了我足够的自由，从第一道刷胶水的工序到踩高平车、打钉、开料，再到最后的包装他都让我学。

有一个晚上，他突然说带我去 KTV。那是我迄今为止去过的最豪华的一个 KTV。他们找了些姑娘，随着音乐的轰鸣声大口喝酒，高声说笑。

看到我坐在沙发上一言不发，表叔带一个姑娘过来说介绍给我认识，我把姑娘推开了。

后来表叔开始跟一个老板谈生意，不知说了什么，那老板突然起身在桌子上用很小的杯子倒了十杯五粮液，说只要表叔把酒全喝了，他就下单。

之前已经喝了很多酒的表叔飞快喝了两杯，端起第三杯时，他皱了皱眉，然后捂着嘴跑进了厕所。吐完出来，他看我一眼，我没动。他走过来，拍拍我的肩说让我帮他个忙。

我说："我不能喝酒。"

他说："我都亲口叫你了，年轻人这点味都不懂吗？"

于是我把剩下的八杯喝了。

那是我第一次喝白酒，第一杯入喉我就被辣得流眼泪了，但我知道越慢越喝不完，于是我在一分钟内像倒白水一样把八杯酒倒进了肚子。喝完立刻不停地干呕，等酒精上头，我对表叔说："我可能不行了。"

他说："开玩笑吧，这点酒。"

我说："你真的得送我去医院。"

那晚我在医院挂了一夜点滴，掏心掏肺地吐。

后来我就辞职了没再干，再之后，我就对亲戚带我这件事有所抗拒。

哪怕确实可以赚钱，我也不愿意去做。当然，还有一个原因是自尊心作祟，我不喜欢看爸妈为了给我找一个所谓的靠山而低声下气的样子。

我混得不好，因为我懒，不肯学技术，这怪我。但我觉得，我终归是不靠任何人从十五岁养活了自己九年，就算不以为傲，也没什么好羞耻的。

在做这些被称为"可替代性高""机械劳作"的工作时，我并不快乐，但也因此见过许多真正的社会底层人。

我见过两个捡垃圾的老婆婆为了一个垃圾桶的所有权而吵架；见过一个单亲妈妈带三个孩子，在超市偷了一个奶嘴，被带到办公室，在三个孩子的面前对超市防损部门的经理下跪；见过一个疑似艾滋病患者因为偷一辆单车被一群年轻人用半斤重的对讲机砸至晕倒；见过开着一辆面包车在外面做楼顶补漏的夫妻因为在一条河的栏杆上晒被子而被城管连车带人一起掀翻。

在超市做便衣防损员的一年里，我没有抓过一个小偷，尽管抓小偷有提成，但我没抓，每次发现有人偷东西时，我会过去直接叫他出去，而不会等他偷走，然后到门口截他。

并非我渎职、"圣母病"发作，而是我知道每一个小偷被带进办公室后，面临的暴打和敲诈都远远超过他们该付出的代价。

不久后，由于我"业绩"不佳，经理决定把我炒掉的时候，他说："我知道你看不惯我的做法，但没办法，有的人是不配讲道理的。"

我说："是人，就应该讲道理。"

他说："你走，以后你就会知道在这个社会上没人会在意道理这个东西。"

对一个超市的便衣防损员而言，通常从超市辞职后再进超市购物时都会被其他便衣尾随，因为你知道每一个摄像头在哪儿，哪些货物放了防盗扣或防盗标，你甚至能一眼看出超市里有几个便衣防损员在巡逻；你知道他们几点会在消防楼梯那里布防、几点撤防；你甚至知道从哪里可以最快捷地逃跑。

但我从来没被尾随过。后来碰到以前的同事，我问他们为什么不跟我，不怕我偷吗？

他们说："你不会做这种事。"

我就很开心地笑了。

在佛山均安做保安的时候我喜欢下班后独自去河边钓鱼，一钓就是一夜。我常去的钓位边上有一个桥洞，桥洞下睡了两个流浪汉，他们身上臭不可闻，头发乱糟糟的，看不清脸，路过的车丢下来一个烟头，他们就会冲过去抢。

后来我每次去都会带两包烟在身上，晚上我抽一根就给他们发一根。

有一次其中一个流浪汉突然对我说了句外地方言，大意是"谢谢"的意思。

我很惊讶，因为我一直以为他们精神上有问题，没想到他们可以正常说话。

我问他为什么睡桥洞。

他说赌博。

我哦了一声。

后来有一个晚上，我失手将一根新买的鱼竿滑进了河里。那时河水不急，但很黑。就在我不敢下，在河边转来转去不知该怎么办时，那个对我说谢谢的流浪汉先是起身看了一眼，然后突然飞身跳到了河里。

他在黑色的河水里飞快地抓到了我的鱼竿，绕着游到有阶梯的地方，上来把鱼竿递给我。我接过鱼竿说："这太危险了。"

他抹了一把脸，一边说没事一边嘿嘿笑着冲我打了个洗澡的手势。

那一刻，我拿着手里的鱼竿，突然就觉得有很多情绪涌上喉头，说悲悯可能有点过，但当我看着他一身水地走到桥洞下，缩着身体安静躺下时，我的眼眶确实有点发胀。

我见过太多底层人眼神中的冷，也见过太多底层人眼神中的热，就像我见过的很多非底层人一样。

有时我想，有些人之所以在底层，固然跟他们自身有关系，但是一个社会，对于弱者，如果除了鄙视，没有一点关怀的话，当我们衣着光鲜地走在街上，对自己的儿女说这世界美好的时候，你怎么向他们解释那个一身脏污、贴着墙低着头走过去的那个人呢？

那毕竟也是个人啊！

我在工地做事时，那些大字不识的叔叔和婶婶对我通常是责备，他们说："你们年轻人最好别干这个，要学技术。"

我说："这个也是技术啊。"

他们说："要饭是门技术，这个不是，就是力气活儿。"

我说："那我有力气。"

干工地的工资的确很高，有活儿干的话，两夫妻做"大工"一个月能挣一万块钱以上。但大多数底层人都有底层人固有的一些毛病，比如赌、买彩票。他们的钱除了寄回家给孩子读书，大多数都花在了一群骗子的身上。就算他们不赌、不买任何彩票，做十年，也就只够给孩子在市里买一栋婚房或者在自己的自留地上盖一栋。

他们也对知识和文化感兴趣，对网络感到新奇，对国家大事有着足够的参与兴趣。但是他们想得更多的是赚更多的钱，让孩子读更好的学校，接受更好的教育。

他们有一个享福的梦，但这个梦不是在孩子身上就是在骗子身上，而绝非由他们自己掌握。我不觉得他们幸福，但同样也不觉得他们悲惨，他们有自己的"小确幸"，有自己的"中国梦"，也有一些肮脏的欲望。

但让人感到遗憾的是，如今很多人都在讲底层人的生活现状，却从没人真正为其做些什么，就算谈起来也是居高临下，将他们视为一种不努力、没文化所以如何如何的例子。

更让我感到愤怒的是，这个社会越来越多的人正把底层人群污名化。我不想做道德审判，也无意为某个群体洗地。我只是陈述一个事实，这个事实就是，在这个世界上，真的有一帮人，无论他们怎么做，都只是尽量让自己挣扎在生存的边缘。

而我希望在面对这个事实时，当他们没来制造任何社会混乱的时候，某些人别再用政策和文件挤压他们的生存空间了。他们被动地成了这个社会前进道路上的地砖，没挡任何人的路，就请各位别急着把他们踢开了。

十五岁第一次南下的时候，我胸怀大志，内心激荡，迫切地想走进滚滚红尘，让这个世界见识见识我的厉害。但当我第一次拿起一块玻璃面板却摔碎了，被人辞退之后，我就知道，这世界比我厉害。

我没有文凭，没有技术，就算抽出身上所有热血，再插上一根自以为不屈的脊椎，然后点燃了，也不能照亮所谓的人生路，哪怕一寸。

这九年我经历过被人利用，也在灯红酒绿里迷失过，有过沾沾自喜的瞬间，但更多的时候，是一个人坐着、躺着、走着，想自己想要的那个未来到底还会不会来。

我并不向往所谓的说走就走，也不向往几环内有套房，我就是想，当一个人，为他自己的懒惰和无知付出代价之后，其他所有的轻视、污蔑、抨击就别放在他身上了。

我可以自己趴在地上，像条狗，但那并不意味着谁都可以过来踩两脚。

如今有许多年轻人通过自己的努力过上了父辈们梦寐以求的日子，但有更多的年轻人，他们的人生方向，就是挂在车站里，每年提醒他们一次，你的人生，就只有这几个选择。

　　这是他们的悲哀，也是所有人的悲哀。

　　很小很小的时候，我家后面有条水沟，每年夏天，暴雨过后，我经常能在沟里看到一团团红丝一样的虫子，它们凭空出现，然后疯狂地、不停地在浅浅的水里扭动自己的身体。一上午的烈阳过后，它们又和水一起消失了。

　　我们所有人——我说的是所有——其实都像那些虫子，为了活着，为了更好地活着，疯狂地扭动、挣扎。但无论你浮在哪一层，你终归永远离不开这条水沟。

所谓贫穷

"赚钱，是有瘾的。"

这句话是几年前我爸对我说的。

刚懂事那几年，我爸在办煤矿，家里的条件在都在办煤矿的村里不算什么，但与镇上其他家庭相比，绝对算得上优越。

那时别的孩子穿着破烂的鞋子走路上学，我穿着市里买来的小皮鞋，天天单车接送；校服破洞了也会拿钱去学校换新的；每天口袋里都有零花钱；不爱吃蔬菜，哪天吃饭没看见肉，直接就撂筷子走人。我甚至还曾对着一碗空心菜痛心疾首地说："这年头儿，谁家还吃草啊？"

那时我爸红光满面，走路生风，随便碰到一个人都会递根烟给他，叫一声吕老板。

但好景不长，两年后，我爸办的煤矿出了严重的事故，之前赚的钱拿去赔偿和打点相关部门还不够，于是爸妈开始东奔西走，到处找钱。事情摆平后，家里负了一笔不大不小的债。

菜里的肉不见了，妈妈脸上的笑也不见了，除了来要账的，也没人再叫我爸吕老板了。两个姐姐懂事得早，知道家里出了变故，迅速收了一身公主气，开始帮忙做力所能及的家务，省下每一分能省的钱。

我隐隐知道事情起了变化，但依然一副公子哥做派，不是哭着喊着要买最新的玩具就是满地打滚要买新的鞋子。为此，前几年欠的打在半年内都挨了回来。

有时候，一直穷倒没什么，怕就怕刚过几年好日子，一夜之间就家徒四壁了。所谓适应，其实就是阵痛。

那一年，过去从未红过脸的爸妈开始经常吵架。他们一吵架，我就从碗柜里拿碗出来砸，等他们化干戈为玉帛联手起来打我，我就哇哇哭着去找外公外婆，告状之余，也顺便蹭两块肉吃、要一点零花钱。

后来他们吵累了，打我也打累了，想起三个孩子明年的学费还没着落，爸爸就脱掉皮夹克，下井当了矿工。妈妈也摘掉了金耳环，扛起铁锹去别人的煤矿上装车赚钱。

一年内，全家人都瘦了。

有个晚上，我妈哄我睡觉时，问我第二天想吃什么，我犹犹豫豫说了句粉蒸肉，我妈的眼泪立刻就下来了。我看她哭心里很害怕，一边胡乱用手擦她的脸一边连忙说："我不吃了，你别哭了。"

我妈拿开我的手说："崽，我哭不是因为买不起肉，而是看你又吞口水又害怕的样子觉得心里难受。"

我爸的鬓角长出白发时，家里的债就还清了。那时我正长身体，每天吃四顿还是面黄肌瘦、营养不良的样子，读书要花的钱也越来越多，两个姐姐都想不读书了给家里减轻负担，我爸就一人骂一顿，把她们骂上了高中。

中间有人找我爸商量再合伙办煤矿的事，但我爸因为无法走出那个事故的阴影，加上已经习惯了外出打工的生活，就委婉谢绝了。

爸妈用外出打工的钱供我的两个姐姐读完书，家里又张罗着盖房子，盖好房子，爸妈想着再累个五六年，把我供完大学，再穿上皮夹克、戴上金耳环享福。没料我生了场病，而近乎倾家荡产替我治了病之后，我又直接退学了。

在一个又一个变故的冲击下，原本潇洒大气的爸爸逐渐性情大变，越活越谨慎，每天不是琢磨着怎么赚钱就是琢磨着怎么把柜子里、墙缝间、枕头下、瓦罐里的钱花得像手术刀一样精准。

我曾开玩笑问了他一句银行卡密码，我爸眉毛一抬，说："怎么？我看起来像快要走了吗？"

他抽烟越抽越便宜，赚钱越来越有瘾，对于没必要的花销更是能免则免。他身上每揣着超过一千块钱的现金，隔几秒就会摸一次口袋。我问他干吗这么紧张，他说防小偷。我说你这是防小偷还是提醒小偷来偷呢。

或许是因为他摸得太频繁，小偷们就算知道他身上有钱，倒也不敢真的冲他下手。

起初我特别不理解他的做法，因为我觉得自己以后结婚也好，生小孩也好，怎么着也不会花他一分钱，所以非常不理解他在拼什么、紧张什么。

直到后来有一次，我因为工作需要得买一辆电动车，他问了我一句话，我才终于明白他为什么那样。

那天我告诉他我准备买辆电动车。

他问："你身上的钱够买两辆吗？"

我说："干吗要够买两辆？"

他说："万一这辆被偷了呢？"

我用全部身家买了电动车后，他又说："在外面骑车一定要慢点。"

我说："我知道，我不会摔跤的。"

他冷冷一笑说："你摔到自己没事，我怕你撞到别人。"

也许只有真正体会过差一分钱就是差一分钱的人，才会有那种来自于内心深处的匮乏感和不安全感。没穷过的人赚钱是为了享受生活，而穷过的人赚钱，更多的则是为了抵御生活中可能出现的种种变故。

更大的悲剧还在于，纵使穷人们天天忙碌，纵使银行卡里的那个数字变大到已经可以将他们从穷人堆里拔出来，但当他们抬头张望未来时，眼神里出现的总不是对于惊喜的憧憬，而是对于惊吓的警惕。而这个眼神，恰恰就是所谓的生活与生存的区别。

唯一感到幸运的是，我爸从来都只会向我展示穷，而不会告诉我穷是罪恶，更不会告诉我要努力赚钱，去回击某些势利的亲戚、某些见利忘义的朋友。他没有因为穷而不停地去逼迫我成为所谓的人上人，也因此，我从不觉自己是人下人。

很多年前我曾说，在这个钱即话语权的社会，穷所带来的最大痛苦，就是当我吃泡面时，原因不能是爱吃，而只能是穷的。

如今见过了更极致的富和更极致的穷以后，在我个人眼里，穷，就是指我没钱。我不会因此而卑微，也不会因此而发奋，它就是指此时此刻，我物质匮乏。

至于其他的，我都不服。

底层逃离之难

　　很多人好奇那些在底层生活的人每天辛勤工作，为何他们的努力不见效果。拿同样在底层浮沉的自己来说，我从来不认为用纯粹的力气养活自己是在"努力"改变未来，顶多只能算是在"承受"自己的过去。

　　而承受的本质，就在于只能停在原地。

　　以一个家庭背景为零的农村孩子举例。

　　从他出生的那一刻起，他需要承受的就是一个相对不那么健康的家庭氛围，抛却当下留守儿童的问题，仅谈与父母之间的亲子关系和父母对社会的认知水平这两点，他跟城里孩子的差距就不是一星半点。在这个"全民 4G"的时代，很多农村连 2G 信号都没有。

度过幼儿阶段进入学龄期，他所需要承受的是并不专业的学前教育。如今很多小镇上的幼儿园基本没有几个严格走完了正规办园手续，很多幼师也根本没有上岗资质。农村大多数孩子之所以读幼儿园，只是为了能有一个上小学的"资格"。

进入小学，他需要承受的则是教育资源配置严重不均的状况。这里的教育资源指的是"德、智、体、美、劳"全面匮乏。现在很多小镇上的学校连最基本的保障学生人身安全的围墙绝大多数都是豆腐渣工程，何谈足球场、音乐教室、画室、手工室、运动器械……

进入初中，他需要承受的是以根本还不能生活自理的年纪去学校住宿。

由于孩子数量的减少，如今大量小镇开始并校，这导致的结果就是学校和家之间的平均距离拉大了好几倍。很多学校甚至从小学六年级就开设了晚自习，建起了宿舍。但最大的问题是，对于这种过早脱离家庭独自生活的现象，很多农村家长不仅没有意识到危害，反而还举双手赞成。他们赞成的原因只有一个，那就是孩子在学校，他们可以有更多时间去操心如何赚钱。但一个根本不算懂事的孩子，在学校有心无力、家庭又过早脱离的情况下，他的人格养成和学习几乎全凭自觉。

读完初中进入高中，他需要承受的是农村孩子人生中的第一个分水岭——普通高中、中专、重点高中。这三者之间的差别有多大，我想是不言而喻的。

这个分水岭后，说难听点，这个孩子的未来十年，我可以猜到八九不离十。

在接受十二年的教育之后，他需要承受的就是过去这十二年所承受的总和。他承受完那些跟其他孩子一样的东西后，通过自己的努力，至少考一个二本以上的大学，人生才算出现一丝曙光。如果没有考上大学，那就得看他的家庭条件可不可以供他读一个五年制大专。

到了这里，他此生最重要的一次命运分割线出现了。他读完大专或大学，走向社会时至少可以拥有一份不会饿死自己、比底层稍微体面点的工作。但他若没有读大学，在没有任何家庭背景的情况下，除了从事低端、出卖劳力的工作，他别无选择。

这时我们放过那个读大学的他，只关心在过去十多年的客观事实的打造下，在不考虑任何个人因素的情况下，看看这个全新出炉、居于社会底层的他，会拥有一个怎样的人生。

他可能去端盘子，可能像我一样去做民工，可能进工厂做一名三个月之后才会涨两百块钱工资的普工，每天兢兢业业，不敢迟到，不敢早退，甚至连辞工回家过年都得求爷爷告奶奶，没有五险一金，没有双休日，住最便宜的房子，吃最便宜的饭菜，穿最便宜的衣服，唯一的娱乐方式就是在放假的时候，看看电视，打打游戏，或者跟一帮与自己处境相同的人打打牌，泡泡妞。

刚出来的时候，他可能会有种自己要干大事的错觉，会尝试看看有价值的书，看看有价值的电影，听听除网络歌曲之外的音乐，在夜晚也会思考人生和世界。

但是，励志的故事虽常有，可真的走到街上，肉眼所及，那些年轻人，那些在人格和智商上并不低人一等的年轻人，他们眼中别说热血，就连对这世界最起码的好奇心都没有了。

他们也觉得自己在努力，每月拿到工资时会感到欣喜，年底时回家看到卡里有几万块钱时会为自己感到自豪，但日复一日，年复一年，当他们发觉自己的努力根本没有任何实质效果后，他们不堕落已算坚忍了。

多少本质并不坏的少年，在底层待了两三年后，某些恶习至少沾染过一样，说话离了网络用语，根本不会表达。一个每天上十个小时以上班的人，怎么可能去健身？怎么可能在午后来杯茶或咖啡犒劳自己？怎么可能在大雨的黄昏捧本《百年孤独》看一个不一样的世界？

许多农村家庭一家三口勤勤恳恳打七八年工，只要娶一个媳妇或者在市里买一套一百平方米的婚房就基本倾家荡产了，就这还得靠家里老人别生病，全家人在家里时身体健康，外出时别出意外。

当一个人用尽力气都只能保证自己不被社会抛下太远的情况下，所谓的"努力"与"离开"，大多数时候，只是一种安慰。

都不用谈什么国家政策和经济学，一个活生生的人，一个谈不上对错的人，从他沦为社会底层的那一刻，绝大多数时候，他在做的事、唯一能做的事就是双手用力地抠在这个极速向前的社会的一个小小的凸起上，保证自己不被甩开太远。至于追，至于翻身，那根本不是一句"努力"就能实现的。

但纵使如此，我也还是想说，各位在敬佩那些通过努力而脱离底层的人之余，一定不要鄙视那些正低头"承受"的人。哪怕他们的未来一眼就能看穿，也请别挥舞着"不努力"的大棒去敲打他们。

因为当一个人为自己过去的所作所为付出"贫穷"的代价之后，他就已经不欠这个社会什么了。

请照看好你的痛苦

有一段时间，我看着一个又一个无比雷同的喜剧和悲剧不断发生，绞尽脑汁想用一种最通俗易懂的方式来解读这个消费主义与反道德主义横行的社会。

我想知道，一切是如何发展成如今这样的，一切又将如何结束，更重要的是，我想知道，在这个所有人看起来都还好，但所有人都无所适从的社会里，如何用一种理性到不容置疑的方式提醒自己：不要被人利用，不要被人操控。

像往常一样，当我身处一种使我痛苦的状态中时，比起求助于外界，我更倾向于诉诸内省。值得庆幸的是，最近，我的内省有了一个结果——一个早已被人总结过，但尚未被人熟知的结果。

先问一个问题：假如现在你面前有两条路，左边一条可以让你立即获得一种快乐，右边一条可以让你立即解除一种痛苦。你会选哪条？

如果上面的假设不太好理解，我换种方式再问你：你是一个身患某种疾病的人，现在有两种方式可以减轻你的病痛，一种是给你注射一种止痛药，让你完全感觉不到那种疾病的存在，一种是直接将你治愈。

相信任何一个脑子没坏的人都会选择后者，因为人类的基因就写定了，比起追逐暂时的快乐，我们更倾向于彻底解除痛苦。更奇妙的地方在于，我们常会把解除痛苦当成获得快乐的最佳方式，而常常忘记追问那个痛苦的来源。

我曾在一本讲戒烟的书里，看到一个很精妙的比喻，作者说抽烟的本质就是故意拿头撞墙，每抽一根烟带来的快感就相当于停止一次撞墙，这也是为什么很多人难以戒烟，因为没人愿意一直拿头撞墙。可问题是，你一开始为什么要拿头撞墙？为什么要以制造痛苦然后再解除这种痛苦的方式来让自己感到快乐、愉悦？

就个人而言，自行制造痛苦然后解除痛苦以获得短暂的快乐可以称之为犯贱、自虐。问题不大，因为毕竟你对这种痛苦有控制权，知道何时停下、如何停下。但假如这种痛苦是外界无意识或有意识强加在个体身上的，这种痛苦就存在被人利用的可能。

现在很多事的本质就是如此：为了更好地利用他人，某些别有用心的人会针对某个群体刻意营造或放大某种痛苦，然后再给出解除这种痛苦的方法，以便其迅速获得世俗的成功和话语权。

在看《罗辑思维》之前，你真的有对知识感到焦虑吗？

在"这是个看脸的时代"的观念普及前，这世上觉得必须得把脸调整一下的人，真的有那么多吗？

在"电脑有辐射"这种伪科学出现前，会有人买防辐射服、抱着仙人掌玩电脑吗？

在"咪蒙"出现前，你身边真的有那么多贱人和 low 逼吗？

当我们把钱和时间放在一堆看似可以解除我们的痛苦的东西上时，我们问过自己那些痛苦到底来源于何处吗？它们，是真实的吗？

谁都知道，在这个社会上生存，要时刻注意自己的同情心和侥幸心，因为这两者，稍有不慎，就会被人利用。但近些年，几乎没人意识到，我们身上真正在不断被人长期利用的，是那些或主动或被动承受的痛苦。

"痛点"这个词相信各位不陌生，事实上，大到政府，小到企业，都以发现社会痛点然后予以解决为己任。区别不过是前者是尽责，后者是为了经济效益。但在互联网时代，痛点不仅可以发现，还可以通过舆论进行制造、放大。

消费主义的横行，不是因为你真的需要昂贵的衣服和化妆品来装扮自己，而是当你被暗示只有拥有那些才能拥有有品质的生活时，原本不存在的痛苦就此被制造出来。为了解除这种痛苦，你只能不断地掏腰包。而为了不让自己显得傻，你还会转而合理化自己的行为，号召更多人加入进来。

反道德主义的横行，一开始我无比支持，因为在我国，确实存在只讲道德不讲规矩的现象，从而导致种种乱象。但当反道德主义发展到不论程度、不论法律，违规者一律处斩，连人道主义的空间都不剩下时，我便开始隐隐担忧。

我知道规则的重要性，但比起规则我更信奉法律。可由于每个人都有被违规者冒犯、伤害的经历，这些经历经过互联网的集合、发酵，就会迅速放大有类似经历的人的痛苦，进而引导整个社会走向另一种极端——插个队都该被打死。

之前看过一则新闻，一位家长因为自己的孩子被打，于是动手打了那个孩子。这种行为无论在何时、何地，都是不正确的。但出乎我意料的是，在新闻的评论里，一律都是"打得好"。

假如说圣母是慷他人之慨，那那些反圣母的人，在某些时候，也是在慷他人之慨，因为他们宣扬的"死有余辜""打得好"都是在怂恿他人为他出一口恶气，而他完全不需要付出代价。

违规者应该付出代价，这毫无疑问，但我不希望由于舆论的作用放大了违规者对这个社会的恶意以及危害，而让某些人真的坚定了替天行道的决心，以另一种违反规则的极端方式去解除自己的痛苦。若真是那样，那这个社会便无人安全了。

人活在世上，各种痛苦是与生俱来的，解除这些痛苦的本能比追求快乐的本能还要强大，甚至可以说，解除痛苦本来就是人活着的动力。

什么叫希望？不就是能看到当下的痛苦的解除时限吗？

这也是为什么现在某些卖东西和写东西以及纯属想发泄自己怨气的人，要不择手段去制造、放大某些痛苦，因为只有这样，他们才能趁机传输自己的理念、大发横财、赚取流量——甚至连宗教和政治，有时都在刻意强调、放大"死亡"这件事的痛苦，其目的，无非让你把完整的生命用来信教，并投身社会。

所以，请照看好你的脑袋，不要随意打开让人灌进痛苦，也要照看好你既有的痛苦，不要让它轻易被人放大进而利用。当有人告诉你付出一点金钱和时间就能解除某种痛苦时，你一定一定要仔细想想：

这种痛苦到底是本来就存在，还是被人强行塞进我脑海里的？

这种痛苦给我造成的不适，真的需要付出那么大的代价去解除吗？

这世上，真的有比我还了解我的痛苦的人吗？

需要经历什么，才能活成自己想要的样子

我新书的序是在北京写的。那个下午太阳余威尚存，阳台上我种在花盆里的几根葱在金光里昏昏欲睡，我对着空白的文档抽了根烟，然后起身把葱移到一个阴凉的角落里，然后又坐回电脑前，继续抽烟。那个下午之前，我度过了很多类似的时光：独自坐在电脑前，点开文档，抽烟，起身做点什么，又坐回电脑前，接着抽烟。

那个下午我写不出东西，不是因为看到自己坚持多年的梦想即将实现，激动到不知所措，而像是走过一段很长很长的路，终于看到一个可以休息的地方，于是就想坐下歇歇脚。又或是像在寒风中久久捧着一堆枯草，拼命吹中间的火星，就在缺氧前一刻，突然听到砰一声，火有了，整个身体都温暖了，于是就想躺在火边睡一个漫长的觉。

跟出版公司签约时，我对着合同拍了张照，不想发朋友圈，却很想跟

那些过去跟我认识并与我拥有相似梦想的人分享。他们有的跟我相识于论坛，有的跟我相识于贴吧，有的是旧时的同学，因为突然发现我和他有相似的爱好，于是彼此再度联系。他们有的想出版言情小说，有的想出版科幻小说，有的想出诗集，有的想开个美术展。

那时他们在我眼里都是会发光的人，因为那时我什么都不懂，只是凭直觉认为，我应该去写东西，只是凭直觉认为，我脑海中的那些声音，如果我不把它们用肉眼可见的形式清除出来，我此生都难心安。那时我向他们请教如何写得更好，该看哪些书。我甚至问他们，标点符号，需要从一开始就特别规范吗？

多年后，他们大多离开了键盘，去到我也不知道是什么的地方。在QQ时代即将落幕的某一个夜晚，我在已经很久没人活跃的群里，几乎是很小心地问了一句：你们，还有人在坚持吗？

五分钟后，没有人回应。十分钟后，没有人回应。第二天清晨，还是没有人回应。那一刻，我看着那些或灰或亮的头像，突然感到一阵彻骨的寒冷。我想，哪怕有一个人告诉我，他还在坚持，我也能获得一点慰藉，哪怕有一个人虽然坚持不下去但愿意对我说句加油，我也能获得一点动力。但是没有，什么都没有。

我并不觉得自己通过出一本书就能改变些什么，也许这一本就是我的最后一本，但我依然很想把这个消息告诉他们，让他们亲眼看到，至少在当时的那群人里，真的有人做到了大家都想做却没做成的事，让他们看到，真的有人可以做到那些答应了自己的事。

　　他们消失于生活，但我并不怪他们怯弱。因为我知道这一路走来，自己经历了什么。在我拥有第一台电脑前，我写东西用的是一台山寨手机，那部手机反应很慢，写九百字需要两个小时。那时我每天的工作时间是十一个小时，除去睡觉、吃饭以及基本的生活打理时间，我必须在剩余的所有时间里拼命看、拼命写。

　　有那么一段时间，我甚至不敢抬头看天，因为一看就会特别绝望。假如生活真有什么戏剧之处，那应该就是把一个原本极其骄傲的人瞬间踩进泥里，然后给他一个光辉的梦想，叫他有种就爬出来。我很想快点爬出来，于是我小心翼翼地跟爸妈说我需要一台电脑，希望他们可以先给我出钱，然后我每月还一点。但对于连学业都可以说放就放的我，他们并不信任。

　　他们说，你买电脑就只是想玩游戏。我很着急地解释，说不是，我想干正事。他们说，什么正事？我哑口无言。因为那时连我自己都觉得写东西是一个太过遥远的梦想，说出来不仅他们不信，连我自己都有点心里发虚。我沉默了，他们转身欲走，我一咬牙就冲他们的背影跪下了。

　　我这一跪，他们更坚定地认为我已经被游戏迷住了，因为我从小到大，别说跪，就连认个错都必须被打到半死才肯松口。他们没有拉我起来，就只是回头说，你自己选择这么小就出来，那你就应该知道，以后想要什么，得靠自己去赚。

　　我忘了当时是怎么从地上爬起来的，就只记得，那一天是我第一次用一种报复心理在爸妈面前点了根烟。我站在那里，抖着手指把一根烟抽完，然后丢掉烟头，出门找了份在网吧的兼职。但我干了一个星期就干不下去了，因为哪怕我的心再坚忍、再能撑，身体毕竟扛不住每天工作十九个小时。

后来在老姐的资助下，我拥有了第一台电脑。电脑买来当天，我请了第二天的假，先写了一个通宵，然后瘫在床上睡了一整天。那之后，我全身心地投入浩瀚的文字里，拒绝社交，拒绝恋爱，几乎拒绝一切与思考和写作无关的事。我的视力开始极速下降，身体开始浮肿，脸部的轮廓也开始走形。但我不介意，因为我觉得自己在做一件令自己感到幸福的事。

当我在知乎写下退学的经历后，很多有相似经历的人问我，退学后对未来感到迷茫怎么办？我总告诉他们，一定要迅速找到自己身上的那个闪光点。那个闪光点未必会成为你的梦想，但它一定会成为你点燃未来的火星。

人在生活里，总是会经历各种无助脆弱的时刻，没能发掘自身闪光点的人，很容易在这样的时刻自暴自弃，甚至沾染恶习。更重要的是，世事总是相关的，要想通过弄明白它们来拓宽自己，就必须先从中找到一点，再由此深入，不断地去发现更宽广、更深邃的另一个世界。

这也是为什么我说出不出书对我而言并不重要，对我来说真正重要的是"写"这件事本身。因为假如不写，我怎么会有思考的动力，怎么会有去了解更多事物的欲望？假如不写，我怎么会对几乎每个社会热点事件都进行总结和反思？假如不写，我何苦看那些根本谈不上有趣的书？假如不写，我又何苦将自己所经历的一切，包括不堪回首的那些，都一一保存？假如不写，我干吗忍受无尽的孤寂乃至贫寒，不去酒桌上与人推杯换盏热闹三年，换一栋房子？

几天前我跟编辑讨论新书的名字，我说叫《我本嘉宾》。他说这个名字没人懂。我说那你起个容易懂的。他起了个跟改变有关的词。我一下懂了他的意思，因为当下社会，无数人都在追逐"改变"二字。

他们每天焦虑到无所适从，迫切希望改变自己、改变自己的生活，但不知从何做起，不知一切从此时开始是否还来得及。他们刷知乎、关注各种知识 App，希望能从中获得长效的力量甚至醍醐灌顶的观念，但其所作所为，绝大多数都是在浪费时间。

他们从未把这个世界撇开，掉转目光注视自己，注视自己的本质在哪里，注视自己真正想要的生活是什么。连最基本的一点都没抓住，他们却妄图一步登天，抓住整个社会的核心，进而登堂入室，活得光芒四射。我也有很佩服、很想成为的目标人物，但我从来都不曾忘记佩服自己，因为我知道至少在一件我干着就能感到幸福的事里，我每天都在向前，从未后退。

在有电脑的那段日子，我写了大量或长或短的小说，四处投稿，也写了大量杂文和散文，往能见到的一切报纸投稿。也许是我很幸运，每次当我即将放弃时，总会收到邮件，通知我某一篇小短文被采用，稿费有多少钱。我没体验过那种把几十万字投出去却如石沉大海般的无力感，这也算是这一路走来，唯一由外界带来的幸运——我真心不觉得过去的自己写的东西有多好。

在文章里，我长期很不要脸地称自己为"天才"。或许旁人不知道，但我自己清楚，在打出"天才"这两个字之前，我付出了什么，牺牲了什么，放弃了什么。我的经历不是一个励志的故事，因为我始终觉得，我现在远远不到谈成就的时候，也远远够不上我对自己的要求。

成为自己想成为的人，毫无疑问是一件很难的事。从一开始的选择就不能出错，不然便会前功尽弃，收获锥心的挫败感。选对了，还要屏蔽干扰，理解他人的不理解，要保持愤怒又要保持冷静，要习惯孤独又不能冷漠，关注自身但又不能忽略外界，在生存之外，还得想尽一切办法抽出尽可能多的时间去做那件使命般的事。必要时，你甚至得忽略家人，忽略爱人，忽略尘世的快乐，忽略一切无关的诱惑。你还得战胜自己对自己的怀疑，战胜情绪的低谷，战胜傻×的质疑。

不要觉得我说得太狠，我想问你这样一个问题：你觉得是日日苦读的人对自己够狠，还是目不识丁但懒得多看一字的人对自己够狠？在我看来，两者都狠，区别不过是，前者把自己当成敌人对待，主动进行摧毁、踩躏，后者则把自己彻底献祭给生活和世界，任其摧毁、踩躏。

也不要跟我说，你想成为的人就是能平凡生活的普通人。那我会用我在这社会上近十年的经验告诉你，平凡是一种极其珍贵的东西，是一种需要无尽资源和勇气才能保护的东西，不是站在地面上呐喊一声就能得到的。因为你想象不到一切看似坚不可破的生活，到底可以脆弱到何种地步。

曾有人问我，在找到自己身上的闪光点以后，该怎么做？我说，那你必须从此刻开始，把骄傲丢掉，把怀疑丢掉，把攀比丢掉，把一切令你不安的东西丢掉，因为这些都不是你埋头向你的本质和你想成为的人进发时所需要的东西。

　　我始终相信一件事，就是如果你敢于无视那些不重要的存在，那那些重要的存在就绝对无法无视你。明明有想要的，但又不敢舍弃什么，那就只能停在原地挣扎，看似一刻不停，但临到头，说好听点，是用悲壮去获得外界的怜悯，说难听点，那就像是弱者乞讨时上下摆动的手臂。

　　我没有自怜的情绪，但此刻，回顾过去为了写字这件事而做出无尽努力的自己，除了想跟他说声谢谢，也还是想拍拍他的肩膀，跟他说一声辛苦。我今年二十五岁，假如不是近十年始终如一地坚持，我早已被生活淹没，那些更大的世界、更有趣的人、更具挑战的生活，都将与我无关。我不知道未来怎样，但至少此刻，我还在向那个自己想成为的人的方向努力，还保留了那个能点燃一切的火星，还有微弱的希望，让过去所有不理解的人，看到我。

　　在种下阳台上的那几棵葱时，我其实没有什么别的想法，就是想试试，这些看似快要死掉的植物，把它们弄到花盆里，浇点水，到底能不能活。事实证明，它们不仅活了，而且还活得翠绿无比。

岁月的残忍之处在哪里

我们活在概率里，无论好事坏事还是寻常事，只要时间够长，它终会发生。岁月显然是一段足够长的时间，它让所有事都一件件发生，但由于人趋利避害的本能，最终那些坏事成了我们难以摒弃的经验，好事成了易逝的回忆。于是我们越活越沉重，越活越沉默。

沉重是经验总在增加，一旦背负，便再难卸下。沉默是这些经验你永远只能用来保护自己，因为你不确定你在乎的那些人是否会像你一样倒霉，你不确定你那些纯个人的经验一旦赤裸裸地摆出来，会不会惊吓到原本还对很多事抱有期待的他们。甚至，你会担心，一旦你出声提醒，会不会被他们指责你太过阴暗、太过狭隘。

这种感觉就像是在不知冷热的水龙头下喝水，只要你喝的次数足够多，一定会被烫伤一次。这次烫伤就成为你的经验，让你今后每一次喝水都小心翼翼。你担心自己，更担心那些你在乎的人，但你最终不会出声提醒，因为你希望他们能心无挂碍地多喝一次就多喝一次。

可你心里清楚接下来会发生什么，而且随着时间的推移，你清楚的那些事会往喉咙一点点迫近，直到你在某一时刻失控，尖叫着说出来。也就是在这一刻，你和你在乎的人，会显得像在两个完全不同的世界，无论那个人是你的父母还是你的儿女，是你的恋人还是你的朋友。

这些年，假如说我真的弄懂了什么道理，那就是真正决定人和人之间的距离的，从来不是对机会和幸福的认知是否一致，而是对危险和痛苦的认知是否一致。因为欢愉总易逝，痛苦才刻骨铭心。

但岁月的残忍之处就在这里，它给每个人几乎相同的幸福，却给每个人几乎完全不同的痛苦。鲁迅说人类的悲欢并不相通。但我觉得，人类的欢乐是相通的，悲伤却不相通。就像参加婚礼的单身狗或许能体会到台上新人的幸福，但台上的新人，却永远无法体会台下单身狗的落寞。

每次谈到岁月的残忍，总会有人提起父母，但没人意识到，我们与父母的距离从来不是因为我们想要的幸福跟他们不一样，而是我们警惕的、痛苦的，在父母眼里，什么都不是。反过来，父母警惕的、痛苦的，我们也无法理解。距离由此产生。

这两天我写了两篇文章，一篇讲如何在绝望中寻找希望，一篇讲如何防范渣男。在公众号里更了几篇文章，其中一篇是写给即将开学的学生，说恭喜他们，还不用面对那些真正让人坐立难安的东西。这三篇文章，不用别人来说，我自己也知道它们内含的是对这个世界真切的失望和防范。

我曾说过一句话，我和这个世界都没错，但我不能和这样的世界做朋友。我知道在一个谈不上看透什么的年纪动辄就用世界这样的词显得矫情，但我对矫情这件事从来就没有心理负担，就像我从来不隐瞒我对外界有着极深的防范。

我知道这样不好，非常不好。但相信我，如果你度过了我所度过的岁月，你未必会做得比现在的我更好。同样，如果我度过了你所度过的岁月，也未必会比现在的你做得更好。有时我会羡慕那些可以永远试错永远觉得自己被世界偏爱的人，因为他们身上背负的经验，就是这事搞砸了没什么大不了，这人错过了没什么大不了。而这个世上，更多的是像我一样的人，假如知道一件事迟早要搞砸，那就干脆别干；假如这件事一定要干，那就最好小心小心再小心，不要搞砸。

万能青年旅店有首文艺青年必听歌叫《杀死那个石家庄人》，里面有句歌词：生活在经验里，直到大厦崩塌。

很多年前，我以为他们是在做预言，此刻我才知道，他们是在陈述真相。

但幸运的是，岁月的残忍并不只针对某一个人，这也就显出它的温柔来。它或许会给每个人不同的痛苦，让每个人以不同的经验活在这个世上。但最终，所有人的痛苦都会无限趋同，毕竟岁月是无限的，生活是有限的，最终所有人的孤独都会有个终结，所有的误解都会消解。怕就怕，我们再没机会，跟那些我们在乎的人、那些在乎我们的人，互道一声：我理解了你。

如何避免一件几乎无法避免的事

　　小时候学过一篇课文，叫《"精彩极了"和"糟糕透了"》，文章主要内容讲作者小时候不管做什么，他的母亲总说，精彩极了。他的父亲则总说，糟糕透了。起初作者不理解，为何父母对同一件事的反应相差如此之大。后来作者长大，意识到不管是母亲的鼓励还是父亲的泼冷水，其实都源于爱，而也正是这两种不同形式的爱，让他的生活小船，不会偏向骄傲那一边，也不会偏向自卑那一边，始终平稳向前。

　　从"精彩极了"和"糟糕透了"这两句话，可以看出作者是个外国人，因为中国的父母从来不会说这两句话，中国的父母说精彩极了的方式是三天不揍你，说糟糕透了的方式是让你看别人家的孩子。但我提这篇文章的目的不是谈中国父母，也不是要谈所谓的爱，而是要谈一件除死亡和政治外，人以社会属性活在这个世上时，几乎无法避免的一种东西。

以前，我是个很在意面子的人，用现在流行的话说，属于一天不装就全身酸痛的那一拨。我记得最清楚的是有一次在校运动会上，我参加跳高比赛崴到了脚踝，当时我连韧带撕裂的声音都听到了，但碍于围观者众多，我硬是咬紧后槽牙没吭声，强撑着完成了最后两跳。结果我得了个三等奖，代价是右脚打石膏，瘸了一个月。

多年后，我回想当时的自己，很不明白自己为什么会那么幼稚，明明已经疼得头皮发紧，却因为有人围观，硬是咬牙完成两次状若青蛙的飞翔，结果导致伤势加重。因为有人注视自己，所以不得不做出一个愚蠢的决定。

这些年在各种鸡汤文里，总能看到一句话：不要在意他人的看法。这句话是正确的，但从没人把"为什么"说清楚，也没人把"他人的看法是如何作用于我们身上的"说清楚。《"精彩极了"和"糟糕透了"》这篇文章，拿到现在来看，除了能看出父母对子女的爱的不同表达方式外，还可以看出外界的看法对于一个人究竟可以产生多大的威力。

在我眼中，他人的看法作用于我们身上时，能产生两种作用：一种是黏合作用，当外界目光对某一种存在持赞许态度时，受该目光注视的个体，会下意识向那种存在靠近。这一点，小到购物选择，大到婚恋择偶，都可以看出端倪。一种是排斥作用，当外界目光对某一种存在持反对态度时，受该目光注视的个体，就会下意识避开那种存在。盲目的偏见和歧视——偏见和歧视未必都是盲目的——大多源自这里。

这两种作用大多数时候谈不上对错，毕竟人活在世上，不管你怎么强调是为自己而活，你的欲望终归受其他人的定义和影响——比如何为完美的身材和容貌。你的人生，大多数时候，也是在演绎他人写好的剧本——比如当下的精英教育。所以从更现实的层面而言，顺从他人目光调整自己的行为和决定，符合避免麻烦和利益最大化的理性思维，谈对错没意义。

真正需要注意的是不要把他人的目光当作欲望本身。多年前，我认识一个女孩，她有轻微的表演型人格，凡事皆以追求他人的注视为主要目的。她择偶时，自身感受不重要，但她希望别人看到她的男友就流露出羡慕嫉妒恨的眼神。在那样的眼神里，她能得到极大的满足。而为了不让这种满足消逝，她必须使尽浑身解数取悦她的男友。她并不幸福，但他人的目光带给她的满足感，却几乎掩盖了所有的不堪和痛苦。

可她没料到的是：在一个既定的环境里，他人的目光之所以会落在她身上，大多出于新鲜感。等新鲜感逝去，等他人对她身边的那位男友习以为常，那些曾令她感到满足的目光便会迅速收回，可她跟男友相处时的痛苦却不会消散。最终结果，可想而知。

这点其实也可以提醒部分因为在意他人看法而不择手段攫取利益的人：当你因他人对你的看法而选择唯利是从，迫切要成为人上人时，请你记住，无论是鄙视还是仰视，他人的看法终会消逝，你对人上人的生活也终有一天会习以为常，最后永存的，就是你当初违背良心乃至伤害他人所产生的内疚和痛苦。

什么叫糟糕透了？这就是。

我常说屏蔽外界干扰，但从来不说不要在意他人的看法，因为这是不可能的。毕竟人再孤僻，你终归是群居动物，而且他人的看法也不一定要面对面才能传递给你：你每天刷的微博，看的知乎，阅读的公众号——所有的资讯都源自他人，或许这些东西里不会包含一些明确的指向，但由于人有对号入座的本能，因此你自动就会投身于那些与你相关的论调和观点里，进而随之调整自身行为和决定。

互联网时代无疑是个美好的时代，但在美好背后，它真正使人进入了一个无法逃开的牢笼，一个由他人目光和看法编织而成的牢笼。过去你关上门或许就与世隔绝，但现在，除非你断掉互联网。

这段时间在老家，我一直在观察村里人为什么每天重复相同的日子，却从不面露焦虑。一直到今天，我才得出一个结论，那就是互联网与他们无关，他们不是抢公交车座位的老人，也不是会划别人车的熊孩子，更不是大学生和追星族。他们不知抑郁症，不知南海冲突和中印交锋，也不知阿里巴巴和腾讯到底是如何掌控了人的生活，他们甚至不明白共享经济和"一带一路"。

他们每天定时收看新闻联播和七点半之后的电视剧，对所听所见的一切都一知半解。也正因为这种一知半解，外界发生的事情没有从根上摧毁他们对自己的认知和习以为常的生活方式。他们也想在他人的看法里对号入座，但那些看法里，没有与他们相符的身份。严格来说，这是种悲哀，因为毕竟是与时代脱节。但由于他们自身对这种悲哀毫无察觉，因此将其反过来称为幸运，也未尝不可。

人有对号入座的本能就是我要讲的为什么人会被动被他人目光影响的根源。一个毋庸置疑的事实是，人从呱呱坠地那一刻起，天然就会被赋予各种不同的身份或者标签。这些身份和标签可以用来描述一个人，也可以用来约束一个人，比如孩子这个词可以描述一个人年纪很小，但也可以约束他不要做大人做的事。而这些身份和标签另一个更重要的意义是，它可以让你不费力气就在茫茫人海里找到自己的同类，甚至不费力气找到自己在这个社会上的定位。

而当你拥有一个身份或标签时，因为它与你在这个社会上的定位有关，它与你跟你同类的距离有关，所以你自然而然会被与这个身份或标签相关的一切吸引，至于那一切是对还是错，说的是你还是别人，你都不会再关心。这也是为什么大学生总逃不开那些关于大学生的论调，创业者总逃不开关于创业者的论调，人总逃不开那些关于情绪的论调，已婚者总想知道他人对婚姻的看法，未婚者总想知道他人对爱情的看法。

但这种对号入座的本能毕竟是错的，错的原因是它用不同的身份把一个人分成无数种碎片，因为人总不会只拥有一个身份。那一堆碎片去学习另一堆碎片的碎片，最后拼装出来的整体，能协调吗？就像你是个已婚男性，他人告诉你男人应该成熟、稳重、为事业拼搏，但他人关于婚姻的看法又告诉你，你得在伴侣面前保持必要的天真和幼稚，以显真诚，还得抽出大量的时间来陪伴。一旦这哥们儿都信了，那他能不分裂、不焦虑吗？因为这根本是不能同时做到的两件事，在某一个时期，总得牺牲其中一样。

　　我个人在过了要面子的年纪后，以一种令我自己都感到惊奇的速度走向了另一个极端：不要脸。这里的不要脸不是下三烂，而是我开始对自己的感受和选择保持最高等级的坚定，因为我知道他人的目光和看法一定会消散，哪怕来自于父母，可我个人的感受不会消散，我因为自己做出的决定而需要承受和享受的都不会消散。那些被动的调整我或许无法避免，但在可以选的时候，在他人的看法与我的感受相违背时，我一定选择相信自己，并且不害怕为之付出代价。

　　有段时间，我一直想自由——这种明明环绕周身却又虚无缥缈的存在。有先见之明的哲学家早说了，绝对的自由不存在，但在绝对之外，我认为的自由就是哪怕承受他人的目光和看法，也只愿贴近自己想贴近的，远离自己想远离的，宁愿活得像枚只知根据自身感受趋利避害的草履虫，也好过当一枚没生命力的铁钉，在他人的作用下，与亲身遭遇的一切事物进行黏合和分离。

　　最后，更关键的问题是如何避免自己成为他人眼中的他人。

　　我个人已经无法避免，因为我此时在做的事就是为他人提供自己的见解和故事，等着他人前来对号入座。我没有恶意，但毕竟事实就是如此。可我很希望你们可以做到，可以做到不要对他人身上任何一种无关是非的存在和选择表示出某种明确的评判。原因还是那句话，你的目光和看法会消逝，但他人的感受不会。所谓的包容和理解，除减少争端和冲突外，其价值或许就在于可以让你竭力避免自己过多介入他人的生活，对之形成无形的干扰，损伤他人的自由。

什么叫精彩极了？这就是。